命由我作
福自己求

费．

了凡四训详解

[明] 袁了凡 著

费勇 编著

云南人民出版社

果麦文化 出品

序言

善良可以改变命运

《了凡四训》是一本家训。中国历来有"家训"的传统，在《了凡四训》之前之后，有代表性的，如南北朝颜之推的《颜氏家训》、清朝曾国藩的《曾国藩家训》。这些家训，都会围绕家庭、做人、读书等人生话题，对自己的子孙提出很多教诲。而《了凡四训》的特别之处在于，它只是聚焦在"立命"这个话题上，只讲了善良可以改变命运。这本书的作者袁了凡，不是一个什么了不起的人物，用现在的话来说，他就是明朝一个普通的公务员。但恰恰是作者的普通，反而凸显了《了凡四训》的价值——不是以世俗的"成败"为导向，而是以人心的归宿作为立足点。

关于命运，有两个普遍的误区。第一个是认命，就是我的命不好，你看算命先生说我的命理怎么样怎么样，你看我是什么星座，我的命就是这样的。第二个是相信平均定律理论，认为人的运气是均衡的，三十年河东三十年河西，倒霉到一定程度，好运自然就会来。这个在赌徒里特别常见，他们相信某一类牌到一定程度，一定会有另一类牌。但事实上，平均定律是一个错觉，在统计学上有一个著名的案例。1913

年8月13日在蒙特卡洛赌城，一张轮盘赌的赌桌上，连续出现了10次黑色。几乎所有的客人接下来都下了红色的注，结果到第15次还是黑色。大多数人相信平均定律，下了更大的红色赌注，觉得一定能赢回来。当天连续26次开出黑色，所有人都输了。所以，平均定律是一个幻觉。我们在倒霉时，难免期待可以转运，相信霉运不会永远持续，但是，一定要记住，不是倒霉的事情越多，就会提升好运到来的概率。

按照《了凡四训》的思路，你要改变你的命运，必须重新设计你自己的生命。袁了凡用了四个篇章，提供了一份设计方案。

第一个篇章"立命之学"，讲的是相信。你要相信因果法则，相信命运是可以改变的。

第二个篇章"改过之法"，讲的是你要把自我看成是成长的，不是固定的，是可以不断自我更新的。

第三个篇章"积善之方"，是最重要的一章，讲了如何行善，讲了十个善有善报的故事，讲了想要改变命运，一定要相信善——这是一个最基本的原则。然后又讲了要分辨什么是真正的行善：第一条要警惕伪善，善恶的基本标准要看利他还是利己；第二条做老好人不是真正的善；第三条积阴德更能带来好的命运；第四条行善要看实际效果；第五条软弱不是善良，要敢于维护自己正当的权利，这不是自私，而是在维护公共秩序；第六条行善不看数量，而是要看你的诚意；第七条不要把心里想什么不当一回事，每一个念头都在塑造我们的命运；第八条凡是能够给我们带来好运的，一定是不容易做到的，所以一定要从难做的事下手。最后讲了十种类型的善事：第一与人为善；第二爱敬存心；第三成人之美；第四劝人为善；第五救人危急；第六兴建大利；第七舍财作福；第八护持正法；第九敬重尊长；第十爱惜物命。

第四个篇章"谦德之效"，讲了谦虚的重要性，做人要低调、沉稳，最后一定是立志者事竟成。

这是一份马上就可以去实践的方案。人生不过如此，既然生了下来，就要竭尽全力过好这一生。一切外在于我们的，我们无能为力，不如放下；但我们自己的一切，取决于我们自己，总应该努力去选择，做到最好。

目 录

第一章 立命之学

1. 反因循：给你的人生更多的可能性 / 001
2. 信因果：为你的人生确立基本准则 / 006
3. 向内求：找到努力的根本方向 / 013
4. 觉察心：静下来，你就赢了 / 020
5. 今日生：每一天都是新的自己 / 025

第二章 改过之法

6. 羞耻心：让自己变得更好的动力 / 032
7. 敬畏心：人在做，天在看 / 038
8. 勇猛心：干脆利落，绝不拖泥带水 / 046
9. 事上改：良好习惯的养成 / 050
10. 理上改：弄清楚了逻辑，一切就会顺遂 / 056
11. 心上改：从原因上去改变，就会心想事成 / 061

第三章 积善之方

12. 信善缘：相信善的力量，一生才会平安 / 066

13. 真与假：不要把伪善当作善良 / 071

14. 端与曲：不要做老好人 / 075

15. 阴与阳：不要自我炫耀 / 080

16. 是与非：有些好事做不得 / 084

17. 偏与正：软弱不是善良 / 091

18. 半与满：数量并不重要，重要的是诚意 / 095

19. 大与小：一念之差，也会影响你的命运 / 100

20. 难与易：越是难做的事，越应该去做 / 105

21. 与人为善：多一点谦让，多一点大度 / 109

22. 爱敬存心：多一点同情，多一点慈悲 / 112

23. 成人之美：多一点成全，多一点宽容 / 116

24. 劝人为善：如果劝人，总要劝人为善 / 122

25. 救人危急：如果帮人，总要帮人于危难 / 127

26. 兴建大利：慈善背后的含义 / 130

27. 舍财作福：要有得，必须要有舍 / 137

28. 护持正法：要有成，必须要有智慧 / 141

29. 敬重尊长：做好自己的本分 / 146

30. 爱惜物命：温柔地对待一切有生命感的事物 / 152

第四章 谦德之效

31. 低调：低调就会有更多的机会 / 157

32. 沉稳：沉稳就会有吸引力 / 161

33. 立志：有志者事竟成 / 166

参考书目 / 171

附录一 了凡四训（原文）/ 173

附录二 云谷大师传（憨山释德清 撰）/ 196

附录三 袁了凡居士传（彭绍升 撰）/ 208

第一章
立命之学

1. 反因循：给你的人生更多的可能性

想要立命，先决条件是"反因循"。

"因循"这个词字面上的意思是沿袭、守旧、懒惰、不愿意改变。那么，从字面上说，"反因循"就是愿意去改变，愿意去创造。这是一个先决条件，如果你都不愿意改变，也不愿意去创造，那怎么可能改变自己的命运？

袁了凡说："天下聪明俊秀不少，所以德不加修，业不加广者，只为'因循'二字，耽搁一生。"天下聪明俊秀的人很多，却很少有人愿意去修养自己的德性，通过学习提升自己的素质，只是因为被困在了"因循"这两个字里，而耽搁了一生。

这句话里有两个含义：第一，再聪明的人，如果不愿意在自己的品德上不断精进，在学业上不断学习，那么也很难过好这一生。第二，不愿意精进和学习的原因，是困在了"因循"这两个字里，而不愿意精进和学习，所以耽搁了一生。"反因循"意味着这样一个信念：通过精进和学习，我们可以让自己变得更好。这个信念也可以这样表述：每一个人的才能、命运都不是固定的，只要你愿意终身学习，就可以改变你不如意的状况，过自己想过的生活。

袁了凡这个信念，是被云谷禅师的一句话点醒的。云谷禅师对袁了凡说了这么一句话："汝二十年来被他算定，不曾转动一毫，岂非是凡夫？"你二十年来被一个算命先生算定了，一点儿都不曾想到可以有别的活法，难道不是一个凡夫吗？云谷禅师为什么要对袁了凡说这句话？这要从袁了凡的经历慢慢说起。

袁了凡，原来的名字叫作袁表（后来改为袁黄），号学海，一般人叫他袁学海。明朝嘉靖十二年十二月十一日（公元1533年12月26日）出生在浙江省嘉善县的魏塘镇东亭桥，祖籍是江苏吴江。在他十四岁的时候，父亲就去世了，按照父亲生前的心愿，他走上了学医的路。

不久，一位算命的孔先生与他相识，说袁学海是当官的命，并且精确地说出了他什么时候会考取什么功名，什么时候能当上什么官。于是，袁学海走上了科举和当官的道路。神奇的是，他走的每一步，都逃不出孔先生算出来的命数。因此，他觉得人生就是那么回事，一切都是命定的。也正是在这个时候，袁学海前往南京栖霞寺拜访了老乡云谷禅师。云谷禅师知道他的情况后，首先就对他说：没有想到你不过是一个凡夫俗子，二十年来的人生居然被一个算命先生给算定了。

这句话传达了很强烈的信息：

一般人之所以一辈子过得平庸，甚至不如意，是因为他们把自己框定在一个叫"命运"的格局里。

这句话犹如当头一棒。

袁学海决定改变自己，于是把自己的名字改成了"了凡"，意思是要了结凡夫的生活。今天，很多人遇到逆境，会请大师改名，以为改名就会带来好运。改名会不会带来好运呢？会，又不会。如果你只是请人改名，但是并没有改掉你原来的心念和行为，那么改名只是起到心理暗示作用，因为你相信改名会有好运，所以会觉得改名之后，顺利了很多。但这样的结果往往是，因为你并没有真正改变什么，过一段时间后还是会遇到不顺利的事情，然后你会觉得是这个名字不灵了，这个大师不灵了，便再去找新的大师，找新的改运方法，最终一辈子就在求神拜佛中浑浑噩噩地度过。只改了名，实际上还是命运的奴隶。

袁了凡改名，改掉的不是一个名字，而是改掉了旧我。但他仍保留了本来的姓氏"袁"，因此他其实是在接纳了我之所以作为我的基础上，又重生一个新我。他改名"了凡"，想了断的，无非就是因循的轮回，是附加在生命之上的框框和桎梏。

从袁学海到袁了凡，是从因循到反因循，这就非常简单地指出了两种人生道路：一种是相信命运，固定在某种格局里，是被规定的，是因循的道路；另一种是相信生命，相信生命的系统是开放的，不断成长的，是由自己去创造的，是反因循的道路。

你想要走哪一条道路呢？袁了凡告诉他的儿子，很多人以为只能走因循的道路，但其实他们只要愿意，都可以走反因循的道路，都可以让自己过得更好。

因循与反因循的划分跳出了关于命运的传统话语模式，完全不理会命运到底是先天决定的，还是后天决定的，而是把"命运"还原为"生命"本身，回到生命本身具有不断成长的特性这个基本点，专注于如何让生命成长。就生命成长而言，不同的"相信"开启不同的人生模式，也就是说并不存在固定的命运。命运是一个变量，你怎么理解它，就会有什么样的命运。

不知道你有没有看过电影《肖申克的救赎》？这是一部改编自美国作家斯蒂芬·金小说的电影，被认为是电影史上堪称完美的作品之一。我很喜欢这部电影，每年都会重温一遍。电影的剧情并不太复杂，讲的是一个叫安迪的人，因为妻子和她的情夫一起被谋杀，而被怀疑是凶手。虽然安迪并没有杀人，但在所有证据都指向他的情况下，还是被作为杀人犯关进了监狱，开启了痛苦且了无尽头的服刑生活。但安迪坚信自己是清白的，并凭借自己的信念和耐心，最后不可思议地逃出了监狱。

这部作品带有寓言色彩。在某种意义上，我们活在世俗社会里，活在各种制度下，其实就是活在各种"监狱"里，普遍患有"体制症候群"。小说借叙述者雷德之口这样描述"体制症候群"："我曾经试图描述过，逐渐为监狱体制所制约是什么样的情况。起先，你无法忍受被四面墙困住的感觉，然后你逐渐可以忍受这种生活，进而接受这种生活……接下来，当你的身心都逐渐调整适应后，你甚至开始喜欢这种生活了。什么时候可以吃饭，什么时候可以写信，什么时候可以抽烟，全都规定得好好的。"大多数人的一生，就是这样被模式化的、被规定的一生。

但是这个世界上仍然生活着像安迪那样的人——"有些鸟儿天生就是关不住的"——他们在努力克服这种"体制症候群"。因循的道路就是被体制化的道路，反因循的道路就是反体制化的道路。体制化、因循意味着被工具化，反体制、反因循即拒绝工具化。我们要做一个活生生的人。

因循和反因循也可以说是两种不同的思维方式。因循是固定型思维，反因循是成长型思维。心理学家卡罗尔·德韦克提出"终生成长"的概念，认为人的命运之所以不一样，是由两种不同的思维模式造成的，一种思维模式是固定型的思维模式，一种是成长型的思维模式。固定型思维模式的人以为智力是与生俱来的，因此放弃了学习和挑战，经常一蹶不振；而成长型思维模式的人相信智力是可以提升的，因而会抓住一切学习和挑战的机会，不断找到下一个努力的方向。

一旦选择了因循的路，你的人生就已经失去了希望；而当你跨出去，走出反因循的第一步，你的人生就有无限的可能性。

2. 信因果：为你的人生确立基本准则

想要立命，必须遵循一个基本的逻辑，就是因果法则。

"因果"这个词可以简单拆分为"原因"和"结果"，它传递着一个简单的信念：世界上的各种事情既不是偶然的，也不是杂乱无序的，而是存在着因果联系的，只要我们找到因果联系，就能够认识这个世界。因此，几乎全世界的宗教和信仰都相信一个法则：善有善报，恶有恶报。这叫因果报应，也是《了凡四训》里"立命"的逻辑基础。要立命，就要遵循因果法则。种豆得豆，种瓜得瓜，播下什么样的种子就会开什么样的花。

当袁了凡说起孔先生已经算定他做不了更大的官，也不会有儿子时，云谷禅师只反问了一句："汝自揣应得科第否？应生子否？"你自己估量自己是不是应该继续科考做更大的官？是不是应该生儿子？这个反问转变了袁了凡的思路。在孔先生的命运话语里，一个人的命是注定的，是与生俱来的；一个人的运是有变数的，是出生之后遇到的各种环境和状况。那么，这个命是由什么注定的呢？这里必须提到中国传统文化里的一个概念：天命。与我们对自身的认识相对，"天"是一种外在的影响因素，是一种神秘的自然力量，而"命"由天注定。即使孔子，在无可奈何的时候，也只能感叹："丘之不济此，命也夫！"

云谷禅师抛出这么一句反问，显然是不赞成孔先生的，是袁了凡的命数注定了他不能做更高的官且没有儿子吗？这个反问很像六祖惠能听到两个和尚在争论：到底是风在动还是幡在动？惠能忍不住说了一句：幡也没有动，风也没有动，是你们的心在动。把看问题的视角从外在引入内在。云谷禅师的这个反问实际上也是在引导袁了凡从自己身上找原因。

就是这样一个反问点醒了袁了凡，他略略思考就明白过来，做了这么一番回答："不应也。科第中人，类有福相。余福薄，又不能积功累行以基厚福，兼不耐烦剧，不能容人，时或以才智盖人，直心直行，轻言妄谈，凡此皆薄福之相也，岂宜科第哉！"他觉得自己确实不应该继续参加科考。在他看来，考中的人都有福相，而他自己却十分福薄。他既没有积累功德善行使自己的福德根基更加厚实，又不愿意做过于烦琐的事情，不能包容别人，且心胸狭窄，经常恃才傲物，说话轻率，随意议论，这些都是福德浅薄的表现。这样的自己又怎么能够考取功名呢？

至于为什么没有儿子，袁了凡自己又分析了六个原因："'地之秽者多生物，水之清者常无鱼。'余好洁，宜无子者一。和气能育万物，余善怒，宜无子者二。爱为生生之本，忍为不育之根，余矜惜名节，常不能舍己救人，宜无子者三。多言耗气，宜无子者四。喜饮铄精，宜无子者五。好彻夜长坐，而不知葆元毓神，宜无子者六。其余过恶尚多，不能悉数。"袁了凡觉得大地上越是污秽之处，越是能够生长作物，水太清了就没有鱼能够生存，而自己是一个有洁癖的人，这是没有儿子的第一个原因。和气才能化育万物，他自己却经常发怒，这是没有儿子的第二个原因。慈爱是生生不绝的根本，残忍是不育的根本，他自己因为爱惜名节，常常不能舍己救人，这是没有儿子的第三个原因。说话太多就会消耗元气，而他很爱说话，这是没有儿子的第四个原因。他很喜欢喝酒，这是没有儿子的第五个原因。他还喜欢熬夜，不懂得养育心神，这是没有儿子的第六个原因。

一旦把这些貌似命中注定的事归因于自己，那就没有不可改变的事了，你也不会再相信有一个外在的主宰在操控着我们的命运。这里要提到佛教关于命运的说法。佛教也认为有"命"这样一种与生俱来的东西，但"命"不是由上天决定的，而是由你自己的业力决定的。"业"的本义是造作，是古代印度各种宗教共同使用的一个概念。在佛教里，这个词的基本含义是，只要意识（心）缘起，必会引发产生果报的行为、语言、意志等。《成唯识论》说："能感后有诸业，名业。"意思是能够感应招惹来果报的业，才是佛教所说的业。

佛教把"业"进行了细致的分类。一是按最普遍的身、口、意来划分。身体行为形成的业力，称之为"身业"；语言行为形成的业力，称之为"口业"；心理（意识）行为形成的业力，称之为"意业"。也可以说，身体的行为带来身业，口的行为带来口业，意的行为带来意业。

二是按照"业"的性质划分。善业：我们造作的一切行为、事情，将来会形成好的果报。恶业：我们造作的一切行为、事情，将来会形成恶的果报。无记业：我们造作的一切行为，既不是善的，也不是恶的。

三是以"共业"与"不共业"来划分。共业：我们造一些业，互相影响，关系密切，大家一起受果报，称为共业。不共业：我们造一些业，只影响个人的身心，个人受报，称为不共业。

四是以"定业"与"不定业"来划分。定业："果报"与"受报的时间"都能够确定的业，称为定业。不定业："果报"与"受报的时间"都不确定的业即不定业，但不定业并不意味着没有"报"，只是时候未到罢了。

此外还有"引业"和"满业"，等等。不管怎么划分，"业"的核心都不会变，那就是缘起。缘起之后产生感应，招来报应，而这个缘起就在你自己身上。业力确实带来了好像不可改变的框架，但由于这个框架本身由你自己造就，所以你可以改变自己的业力，创造新的命运。

佛教的因果论延伸出一个重要的实践口诀，值得我们牢记在心：因上努力，果上随缘。

对于既成事实的结果要随缘，把努力的重点放在造成各种结果的原因上。

禅宗达摩的修行方法有"四行"，很简单，讲求的是实用。第一叫报冤行。遇到倒霉的事情，就想这是我过去所造的恶业带来的，相当于欠了债，现在还清了，所以不抱怨,不消极,甚至有还债之后的轻松。第二叫随缘行。遇到好运的时候,就想这是我过去的善业带来的,善的果报就好像存在银行里的钱,用一笔少一笔,所以好运来了也不必得意,反而因为少了一笔存款而更加努力。第三叫无所求行。不要去求外在的,而在内因上下功夫。第四是称法行。你的行为要如其本然,顺因本心,这样方能变得清净,获得解脱。

回到电影《肖申克的救赎》,安迪其实迎来过一次转机。一个新进的囚犯汤米告诉安迪一个惊天秘密:他认识的一个罪犯亲口承认曾枪杀了一对情侣,根据他的描述那正是安迪的妻子和她的情夫。汤米的话让安迪看到了希望,如果能让这个罪犯认罪,那他自己就能洗刷冤屈,顺利出狱。没有想到监狱长看上了安迪的能力,想让安迪一直留在身边帮他洗钱,便找了个借口把安迪关进了禁闭室,并引诱汤米越狱,同时趁机将汤米射杀。这断绝了安迪最后的希望。两个月后安迪从禁闭室出来,和雷德聊起自己的冤案时,说了这么一段话:"老婆说她很难了解我,我像一本合起来的书,她整天这样抱怨。她很漂亮,该死,我是多么爱她啊。我只是不善表达。对,是我杀了她,枪不是我开的,但我害她离我远去,是我的脾气害死了她。"

雷德安慰说:"你不是杀人犯,你或许不是个好丈夫而已。"

安迪却接着说:"没错,是别人干的,却由我受罚,大概是我命薄。谁都可能遇到霉运,刚好轮到我,我被卷入龙卷风,只是没想到刮了这么久。我告诉你我要去哪里,齐华坦尼荷,在墨西哥,太平洋边的小地方,那是没有回忆的海洋,我要在那里度过余生。在海边,开一个小旅馆,买条破船,整修一新,载客出海。人反正只有两个选择,要么忙着死,要么忙着活。"

这是安迪心境的重大转变。安迪之前一直认为自己太倒霉了,运气很差,莫名其妙地就被当作了杀人犯。现在他承认自己其实很爱妻子,但是因为自己的脾气,将妻子越推越远,最终害死了她。一个人一旦把原因归结于自己,实际上就完成了自我的救赎,一个新的自我就诞生了。

安迪的心态转变和前面袁了凡的转变一样:在自己身上找到原因,就会对这个世界释怀,逐渐把注意力聚焦于自己的成长,才能找到一个个出口。

安迪的冤案一方面是由于司法人员的懒惰、监狱的腐败造成,但另一方面,也和他的性格有关系。假如他没有被强烈的嫉妒心占据头脑,假如他懂得什么是真正的爱,那么当他的妻子提出离婚的时候,他就不会那么耿耿于怀而迟迟不肯离婚,也就不会有后面的悲剧。假如他不被愤怒的情绪控制,喝得酩酊大醉,也就不会成为警方的第一怀疑对象,也不会惹上这个官司。

云谷禅师这样总结他所理解的因果法则:"世间享千金之产者,定是千金人物;享百金之产者,定是百金人物;应饿死者,定是饿死人物。天不过因材而笃,几曾加纤毫意思?"世间享有千金财产的人,一定是配得上千金财产的人;饿死的人，一定有饿死的原因。上天对待一切从根本上说是公平的，顺应自然的因果规律，便不会有丝毫的错失。总之，一切都有原因，而这个原因一定就在我们自己身上。

3. 向内求：找到努力的根本方向

想要立命，应当由内而外有所求。

"有所求"必须聚焦于一个努力方向，就是"向内求"。一个人如果不是向内求努力，很难有所成就，反之，则会产生不可思议的感应力量。

"向内求"，求的是什么呢？在中国传统文化里，儒家追求个人品德的自我完善；佛教讲出世，讲无所求；道家则讲求逍遥。儒释道三家都推崇安贫乐道，比较排斥荣华富贵，都认为荣华会扰乱人心，带来祸害。孟子说："求则得之，舍则失之，是求有益于得也，求在我者也。"这句话让袁了凡十分不解，他以为孟子说道德仁义我们可以自觉求得，因此向云谷禅师提问：那功名富贵又怎么求得？但其实孟子这句话还有后半句："求之有道，得之有命，是求无益于得也，求在外者也。"一般我们将这段话理解为：仁义礼智这些美好的品德，是我本性中本来就具有的，只要我想要，就可以得到，一旦放弃追求就会立刻失去，因此所求有益于有所得，能否求得完全在于我自己。但追求也讲求方法，能否求得想要的结果还取决于命，因此所求也无益于有所得，能否求得还在于外部条件。

云谷禅师认为孟子说得没错，是袁了凡误解了孟子。孟子的完整意思应该是：人不仅可以追求个人德性的完善，也可以追求功名富贵。"求在我，不独得道德仁义，亦得功名富贵。

内外双得，是求有益于得也。"在云谷禅师看来，不只是道德仁义我们想求就能求得，功名富贵其实也是我们想求就能求得的。只要我们努力修行，行善积德，一定会有所收获，获得福报；而福报又分为正报与依报，即我们不仅会在内心修得道德仁义，外在的物质条件也会随之一并得到改善。我们既可以向内求得道德仁义，同时也可以向外求得功名富贵，内外都有所得，这才是正确的追求。

云谷禅师还引用佛经里的话来佐证："我教典中说：'求富贵得富贵，求男女得男女，求长寿得长寿。'夫妄语乃释迦大戒。诸佛菩萨，岂诳语欺人？"求富贵可以得富贵，求生男生女可以生男生女，求长寿可以得长寿，这句话化用自佛经《大佛顶首楞严经观世音菩萨圆通章》。原文曰："我得佛心，证于究竟，能以珍宝种种，供养十方如来，傍及法界六道众生，求妻得妻，求子得子，求三昧得三昧，求长寿得长寿，如是乃至求大涅槃得大涅槃。"

云谷禅师对经典的解读，或许有断章取义的嫌疑。但又不得不说，这是一种创造性的解读，对普通人很有启示意义。云谷禅师其实是想强调行善积德就会获得对应的果报，即善有善报。这不仅存在于佛教的理念中，其实儒家的很多经典也会说行善便会获得财富、变得长寿。对于普通人来说发财、长寿、子孙满堂就是善报了，云谷禅师的解释无疑使得儒释道的修行更加生活化，也肯定了个人对于世俗愿望的追求，使得普通人更容易接近儒释道。

《了凡四训》中对追求财富的肯定，使得这本书对明清时代的商人产生了很大的影响，也成为中国传统商业伦理观的重要思想文本。古代中国一直重农抑商，原因之一即在于商人通过低买高卖赚差价，这是追求个人利益的行为，并不符合儒家的义利观——儒家并未完全将"义"与"利"对立。在儒家看来，一味追求个人利益并不可取，追求社会公利也须在遵守"义"的前提下。云谷禅师却将利益、财富视为行善的果报之一，合理化了商人的所得。在他看来，向内求得道德仁义，向外求得功名富贵，这种内外都有所得的人生，才是美好的人生。

那么，我们应该如何去求功名富贵？

云谷禅师的答案是：越是想要求取外在的财富、地位，越要"向内求"。他引用了六祖惠能的说法："一切福田，不离方寸；从心而觅，感无不通。"阐明自己的观点：人的命运好坏，离不开人心的修行；只要我们诚心修道，就能与佛菩萨产生感应，获得他们的救济。

他进一步推论："夫血肉之身，尚然有数；义理之身，岂不能格天！"血肉之躯落在命数里，确实可以被推算出来，但是如果我们透过修行让自己的心念和行为合乎义理，那么我们就可以超越命数，可以自己决定自己的命运。

惠能的话和云谷禅师的解读，其实已经点出了"向内求"求的究竟是什么。我们可以从下面四个层面去理解。

第一个是心态层面。举个例子，夏天很热，我们一般会开空调，或者找个阴凉的地方乘凉，这就是"向外求"。那什么是"向内求"呢？很简单，五个字：心静自然凉。面对夏天的炎热，我们改变不了它，但是我们可以改变自己的心态，改变对炎热天气的厌恶，我们可以学着享受这种炎热。

第二个是我和他人的关系层面。举个例子，我们总是拿自己和别人做对比，总想着别人有的东西我也要有，这就是攀比心，是典型的"向外求"。"向内求"则相反，向内求是我只和自己比，只求自己心安理得。不管发生什么事，都是先从自己的身上找原因，不会随便抱怨社会，不会随便责怪别人。

第三个是心灵层面。举个例子，大学毕业了，我们开始找工作，一般情况下我们会在单位或行业之间反复比较，希望可以找到一个更好的单位，或者找到一个更有前途的行业，这是"向外求"。"向内求"是怎么做的呢？首先，在找工作之前，我们可以先问问自己这一生最热爱的东西是什么，这一生最想做的事情是什么。当我们找到自己一生最想做的事情时，找工作这件事就会变得很简单。

第四个是心性层面。这是"向内求"的最高境界，其实就是王阳明心学中提出的：我们要挖掘自己内心的良知，要找到内心的天理。即我们要找到上天给我们的使命，去做我们应该做的事。

内和外的区别，简单地说，是因和缘的区别。因是内在的驱动力，缘是外在的辅助力，要在因上努力，在缘上随缘。向内求是因，向外求是缘。成就一件事要靠因缘俱合。从根本上来说，我们应该向内求，挖掘内心的热爱和能量，专注自身，不要完全寄期望于他人的帮助或天上掉馅饼之类的好事，万事都要靠自己。

凡是外缘，就要随缘，没有必要去刻意追求，因为外缘都是我们控制不了的；凡是内因，就要加倍努力，因为内因是我们自己可以控制的，只要你不断努力，就可以有所改变，有所积累，等到因缘成熟，自会开花结果。

云谷禅师引经据典解释说："《太甲》曰：'天作孽犹可违，自作孽不可活。'《诗》云：'永言配命，自求多福。'孔先生算汝不登科第，不生子者，此天作之孽，犹可得而违，汝今扩充德性，力行善事，多积阴德，此自己所作之福也，安得而不受享乎？"讲到修行时说，"无记无数，不令间断，持得纯熟，于持中不持，于不持中持。到得念头不动。则灵验矣"。云谷禅师强调，灵验的关键就在于心是否静。不要在意念诵的次数和内容，一直不间断念诵，便会达到咒语自然而然从心中生出的境界，此时心不再受外物干扰，只专注于内，自然会有所灵验。

总之，假如你从"心"这个层面上去"向内求"，那么一定会有所变化。因为第一，从心起惑，由感起业。迷惑来自内心，迷惑带来业力。第二，业必感果，业能缚心。业力一定会感应招来果报，业力会束缚住心。第三，业由心造，心可转业。业力来自心的运作，所以透过心的运作，可以产生连锁的感应，最后转变业力。

儒家也有类似的说法，只不过用了"天"的概念。孔子承认天命的存在，承认有一种个人无法理解的力量在操控命运，人有无奈的一面。但另一方面，孔子更认为"天"是一种德性的存在，且根据人的德性不断在改变，只要你不断地完善自己的德性，就可以和"天"相连接。商朝的建立是天命，纣王以为既然是天命，就完全不用担心会灭亡，但他没意识到天命会改变。因此当纣王变得残暴荒淫，而周文王变得德性充沛的时候，周朝就取代了商朝。这个能惩恶扬善的"天"也成了中国老百姓所信奉的一条朴素法则：人在做，天在看。只要一门心思去做符合天理的事，就会得到"天"的感应，从而获得庇护。

日本企业家稻盛和夫在《活法》中说："你心中描画怎样的蓝图，决定了你将度过怎样的人生。"在稻盛和夫少年时代，他的叔叔因得肺病住院，他很害怕被传染，但结果还是染上了肺病；他的父亲明知可能会被传染，还是坚持去医院照顾叔叔，结果却平安无事。这件事带给稻盛和夫极大的触动，他很感慨："我拼命想要逃脱肺结核的魔掌，却深陷其中，这不正是我这颗恐惧疾病的心招来的灾难吗？"这是稻盛和夫第一次感受到了心的作用。

稻盛和夫大学毕业后，去了京都一家大公司工作，没想到这家公司不久就濒临倒闭，稻盛和夫不得已另寻出路谋生，却屡遭失败，这让他陷入进退两难的境地。但恰恰是这个进退两难，让他彻底想通——"再怎么怨天尤人也是徒劳"。他决定全身心投入自己的研究当中，把家具都搬进了研究室，从早到晚专研，取得了意想不到的成果，帮助公司渡过了难关。这应该是稻盛和夫第一次感受到"向内求"的益处。

后来稻盛和夫为了实现自己的理想，选择创业，手下年轻员工的"造反"引起他的注意，他开始反思："如果为了追寻作为技术员的浪漫理想而展开经营的话，即使成功了，也不过是虚假的繁荣。然而，公司应该有更重要的使命。经营公司的根本目的就是，必须保障员工及其家人的生活，以公司员工的幸福为目标。"这便是稻盛和夫"向内求"真正的开始。从此，稻盛和夫一直走在这样一条道路上，形成了其以"心"为聚焦点的经营之道，他也因此获得了商业上的成就。

从稻盛和夫身上，我们可以看到一个方法：遇到什么事，都应"向内求"，在自己身上找原因，在自己身上去努力。在别人身上找原因，很难成功，因为改变别人不容易；在客观环境上找原因，更是艰难，因为改变环境是更困难的事情。稻盛和夫如此认为："我相信这个宇宙中存在着令万事万物向善的宇宙意志，如果我们将自己的心调整到与其相应的方向，再加上自身的勤奋努力，那么，就必然能够确保光明的未来。"

4．觉察心：静下来，你就赢了

想要立命，一定要有觉察心。

改变命运，当然会有所求，但一旦有所求，所求的那个对象，就会变成一种束缚和羁绊。所以，我们必须要以觉察心去追求，方可于云淡风轻间寻得自己所求。

什么是觉察心呢？

云谷禅师说："凡祈天立命，都要从无思无虑处感格。"大意是，向天地鬼神或佛祖菩萨祈愿，从而建立自己生命的格局，都要从无思无虑处感应。这里的无思无虑，很容易被误解成"不思不虑"，因而很容易引起一个困惑：一方面要有所求，另一方面又要无所求，这不是很矛盾吗？

其实这里"无思无虑"的"无"，并不是指"没有"，而是"超越"的意思。不是说什么都不想，而是不要有妄念。有所求，但没有什么妄念、妄想，只是按照因果法则去努力。

云谷禅师在这里表述了这样一个逻辑：你应该要有所追求，却不能被追求束缚，在追求的过程中，要放下对结果的执念以及情绪的干扰，要有觉察心。

归纳起来，觉察心包含了以下三个要点。

第一，当我们去追求什么的时候，要去掉一切预设的观念和立场，要清空自己的心，让心像镜子一样，如实地反映各种状况。

第二，当我们去追求什么的时候，要去掉对结果的执念，专注当下，专注过程，这样就能摆脱情绪的干扰，静水流深。

第三，当我们能做到心如明镜，能做到静水流深，就能产生一种觉性，或者说，一种内在的直觉，让你能够对各种状况做出回应。

在云谷禅师看来，真正的立命一定需要觉察心发挥作用。我们再回顾一下孟子的"立命说"："尽其心者，知其性也。知其性，则知天矣。存其心，养其性，所以事天也。夭寿不贰，修身以俟之，所以立命也。"意思是，把人的本心发挥到极致，就知道人的本性是什么了。知道了人的本性是什么，就知道天的运作法则了。立足于人的本心，培养人的本性，这就叫侍奉（遵循）天理。不管长寿，还是短命，都专注于天理，一心一意完善自己，天理自然会浮现。这就是立命。

云谷禅师从觉察心的角度，重新解读了这句话。他做了一个推理：贫困和富裕外在的表现分别是短缺和丰盛，所以短缺的时候我们就会觉得自己什么东西都没有，就会不开心，丰盛的时候我们就会觉得自己想要什么就能有什么，就会很开心。如果只停留在这个层面，那么我们就被困在贫富的命运里了。如果我们能觉察到，丰盛和短缺不过是外在的显现，是一个不断在变化的显现，那么我们就能认识到所谓贫富命运的本质，逐渐摆脱命运对我们的影响，从而"可立贫富之命"，真正掌握自己在贫富方面的"命"。

由此，可进一步推论到贵贱之命。"贵"的外在表现是"通"，即在社会地位的晋升上很顺利；"贱"的外在表现是

"穷",这个穷不是贫穷,而是指在社会地位的晋升上不顺利,坎坷曲折。当我们在社会环境中顺利的时候,就觉得自己是"贵命",当我们在社会环境中坎坷的时候,就觉得自己是"贱命",那我们就被困在贵贱的命运里了。如果我们能觉察到,顺利和坎坷不过是外在的显现,是一个不断在变化的显现,那我们就能认识到所谓贵贱命运的本质,不会再受到顺利或坎坷的影响,从而"可立贵贱之命",真正掌握自己在贵贱方面的"命"。

最后,推论到"夭寿不贰",立生死之命。人的生命有很多种形态,健康、疾病、长寿、短命等,这些形态都是生命最常见的外在表现。当我们健康长寿的时候,会觉得自己命好,当我们疾病短命的时候,就会觉得命不好,这就困在生死的命运里了。如果我们能觉察到,健康、疾病、长寿、短命不过是一个不断变化的显现,就能认识到所谓生死的本质,就不会被死亡的恐惧所掌控,从而"可立生死之命",真正掌握自己在生死方面的"命"。世间一切的一切,生死最为重要,一旦你立起了生死之命,那无论顺境逆境都能处之泰然。

通俗地解释,云谷禅师讲的"觉察心",无非就是要我们在追求富贵的时候,千万不要把注意力聚焦在穷、富、贵、贱这些外在的表象上,也不要有穷、富、贵、贱种种分别心,而是聚焦在能够让你积极的内在动力和外在行为上,一心不乱,才能真正达到富贵。我们既然活着,没有必要过多地在意疾病、短命这些外在的表象,弱化有关于健康、疾病、长寿、短命的分别心,松弛地活在当下,让每一个当下都跃动在自己生命的旋律中，这样才能收获心性上的圆满，于喜悦、充实中收获更多精神和物质上的果报。

那么，怎么样才能以"觉察心"去追求所求呢？云谷禅师教了袁了凡三种方法。

第一种方法，每天写功过簿。把每天自己做的事情记录下来，做了好事，就要记下来并坚持下去；做了不好的事情，要记下来并坚决改正。这个练习来自儒家的修身。儒家的修身有两个重要的步骤。第一个是自省，就是自我反思。一个人要想成就完美的人格，就要经常反思自己。孔子说："君子求诸己，小人求诸人。"君子遇到什么事情，都是从自己身上找原因，要求的是自己，而小人遇到什么事情，都是归咎于别人，要求的是别人。曾子说："吾日三省吾身，为人谋而不忠乎？与朋友交而不信乎？传不习乎？"曾子每天都会反省自己三件事，一是替别人办的事情是不是尽心尽力，二是和朋友交往有没有不诚实的地方，三是老师教的知识是不是已经复习了。第二个步骤是克己。孔子的名言"克己复礼"，意思是节制自己的欲望和行为，以符合道德规范。

云谷禅师把儒家的修身简化为功过簿，通过每天记录自己的言行，来督促自己做到自省和克己。袁了凡一生都保持着这个习惯。在做知县的时候，他准备了一本簿子，叫作"治心篇"。每天早晨起来办公的时候，家人会把这本簿子交给衙役放在他的案头，每天所行之善、所犯之过，都会被记录下来。到了晚上，袁了凡会按照宋代赵阅道先生的做法，在庭院里摆好桌子，供上香，把自己一天做的事情老老实实向上天禀报，既有仪式感，又是对一天的回顾。

第二种方法，念准提咒。"准提"是"清净"的意思，云谷禅师让袁了凡念此的目的就是要让他净心。云谷禅师强调，念诵时一定不能有杂念，坚持念诵，一直念到不用记数，烂熟于心，直到好像并没有在刻意持咒，同时能做其他事情；而平时在做其他事情的时候，又好像同时在持咒的状态，差不多就是不起妄念的最佳状态了，这样念咒才是有效的。

第三种方法，写符箓。这是道教里的一种法术，云谷禅师认为写符箓也可以提升我们的觉察心。写符箓的秘诀其实也很简单，就是心里没有杂念。拿笔写符箓的时候，要把杂七杂八的牵挂全部放下，一点儿胡思乱想都不要有。就在这个处于物我两忘的境界的时候，放开去写，一笔挥成，毫无顾虑，就能写出一张灵验的符箓。

这三种方法只是立命系统里的一种手段，目的是培植觉察心，为了让心静下来。千万不能认为只要写功过簿、念咒、写符箓就能求得所求了，否则就会陷入迷信，而迷信只会让你迷失自己。

5. 今日生：每一天都是新的自己

想要立命，应该做到每一天都是新的我。

觉察心会让你时时保持觉知，保持警惕，知道什么是该做的，什么是不该做的。在觉察心之后，云谷禅师提出，我们还需要学会"今日生"。

什么是"今日生"呢？

我们可以从云谷禅师的一段话里去理解。云谷禅师听完袁了凡解释自己为什么当不了官，为什么没有儿子后，对他说："汝今既知非，将向来不发科第，及不生子之相，尽情改刷；务要积德，务要包荒，务要和爱，务要惜精神。从前种种，譬如昨日死；从后种种，譬如今日生，此义理再生之身。"云谷禅师认为袁了凡已经认识到了自己过去的种种过失，下一步就是把考取不了功名、没有后代的原因彻底扭转过来。因此一定要做善事，一定要对人宽容，一定要和气慈爱，一定要保养精神。就当作从前的那个"你"已经死在了昨天，从今天开始都是一个新生的"你"。这个新的"你"一定可以超越固有命数，是再生的义理之身。

"从前种种，譬如昨日死；从后种种，譬如今日生。"

这是《了凡四训》里很有名的一句话，据说曾国藩读到这句话时大受震撼，随后改自己的号为"涤生"，洗涤自己，获得新生。这句话其实是在教导我们：一旦意识到自己哪里做得不够好,就要马上洗涤自己,让自己获得新生。停留在对过去后悔的情绪中,并没有真正的益处,应该马上开始做对的事。那个犯过错误的我,就像昨天一样,已经过去了,已经死掉了;今天正在做的,会重新塑造一个我,而今天也会成为昨天,所以我们对未来也不需要焦虑。

这句话的一个重点是:新生。所谓新的生命、新的自我,是指"义理再生之身"。义理,是儒家的观念,有道德伦理的意思,也可以上升到天理的层面。云谷禅师的这句话,把命运的改变归结于自我的重新塑造。也就是说,只要你每天保持觉察心,每天保持修正自己的念头和行为,让自我不断符合道德伦理,乃至于符合天理,你自然就不会受到命运的羁绊,反而会受到天命的眷顾,做什么都会平安顺利。

这句话包含了这样一个逻辑:当我们对自己的现状感到不满,希望自己的处境有所改变时,应该通过改变自我来改变现状。这一点在现实生活里很容易被忽略。一个常见的误区是,我们认为自我生来如此,比如觉得我的脾气就是这样,我们摩羯座就是这样,等等。这种性格决定行为的理念会阻碍我们对于自我的认知,尤其会阻碍我们让自己变得更好的努力。

实际上,不是性格决定行为,而是行为决定性格。当然,更加不是环境决定你的命运——同样的环境里,人与人之间因为不同的应对,会得到完全不同的结果。所以,《了凡四训》很直接地提出了一个改变法则:改变自我。只有从改变自我下手，改变我们的观念，改变我们的思维方式，改变我们的生活方式，我们的命运才会改变。

王阳明心学的核心就是一生只做一件事：做人。把人做好了，做什么都会有所成就。人没有做好，做什么都不会长久。德国哲学家叔本华也有类似的看法。他认为，每个人的命运之所以不同，有三个方面的原因：第一是人是什么，就是广义的人格，比如健康、力量、气质、道德、理智、教养等。第二是人有什么，就是财产和各种所有物。第三是一个人在他人的评价中处于什么地位。在他看来，"决定命运的首要的最本质的要素就是我们的人格"。人生最本质的事情就是做人，而做人就是成就自己的人格。

如果我们把握了做人这个根本，那么我们的一生就会变得简单起来，却又丰富多彩——根脉清晰，枝繁叶茂。反过来，如果我们不能把做人这一件事做好，那么做其他再多的事也无济于事。所以，《了凡四训》里的立命之学，最后不过归结于这一句：

"从前种种，譬如昨日死；从后种种，譬如今日生，此义理再生之身。"

《了凡四训》的立命之学，实际上是一种行动的信念，包含了五个要点：

第一，相信改变，相信可能性。

第二，相信因果，相信报应。

第三，有清晰的目标，并且相信透过感应可以实现自己的目标。

第四，享受追求目标的过程，在过程中学习洞察真相的能力。

第五，相信自我重塑是立命的唯一途径。

我们承认人生被很多东西框住，无法改变，不过既然是无法改变的东西，其实就不值得我们去关注，甚至连谈论也没有必要。人生很短，还是要把精力放在自己可以把控、可以改变的地方——自我。不管时代怎么样，不管环境怎么样，"我"总是可以努力生长，让自己变得更好。对于体制，对于时代，对于别人，"我"往往无能为力，再努力好像也没有什么用；但是对于自己，只要"我"竭尽全力，就能重新塑造自己，有新的自我，逐步走向理想的世界。

《了凡四训》对于当时中国的意义，有点像现代社会中积极心理学的出现——给重压之下绝望的现代人一种积极的思维方式，让人们看到生活中的希望，凡事都从积极的方面着想。千百年来，中国人最关心的人生问题，是两个切身的功利问题：一个是如何保平安，一个是如何获得功名利禄。但耐人寻味的是，大多数中国人对这两个问题的思考，既不会深入到生死、真理这样的终极性层面，也不会深入到制度、道德等社会性的层面，而是把它们看作是个人问题，是一个需要个人去通过某种途径找到解决方法的问题。

大多数人找到的方法既形式又功利——画个符，就要马上驱邪；念个咒，买的股票明天就要涨；抄了一遍《心经》，希望癌细胞明天就会消失——如果达不到自己的期待，就是这个方法不灵。灵不灵，是很多中国人选择信仰的一个标准。很不幸的是，这个灵不灵非常主观，所谓的灵不过是皇帝的新衣，自欺欺人。

意大利传教士利玛窦于1583年到达中国肇庆，此后他便一直留在了中国，直到1610年在北京去世。他在《中国札记》这本书里谈及最令他不可思议的中国见闻时，就说中国人信风水，"一本黄历上写着每个日子适合做什么"，"非常荒唐，而这群骗子居然能够骗到皇上和平民"。在他看来，这些风水算卦的骗子是中国的大害虫。

利玛窦犀利地指出了中国人信仰体系里最低的一个层面：总是想着要通过命理风水、求神拜佛之类浮于形式的手段来趋吉避凶。直到21世纪的今天，这种极其功利的近乎巫术崇拜的迷信，仍然是一个广泛的现象。而《了凡四训》的价值之一正在于把儒家、道家、佛教的思想和命理风水等加以融汇，超越了迷信的层面，成为一种操作性很强的生活哲学和生活方式。《了凡四训》显示了中国人信仰体系里的另一个层面：通过自我修行建立良好的生活来改变自己的命运。这本书的作者袁了凡和利玛窦差不多生活在同一时期，但他们大约并不知道彼此——利玛窦一定没有读过《了凡四训》，否则他应该对中国人的信仰会有更全面的认知。

除受到云谷禅师的指点，袁了凡还有一位老师王畿。王畿是王阳明的学生，王阳明晚年天泉证道的时候，王畿是在场的几个弟子之一。袁了凡可以说是王阳明的再传弟子。王阳明总结道："无善无恶心之体，有善有恶意之动；知善知恶是良知，为善去恶是格物。"这就是王阳明领悟到的世间的因缘法则，而良知就是这个因缘法则背后的原动力。我们再回顾《了凡四训》里的"立命之学"，就会发现它其实和王阳明心学一脉相承。只不过《了凡四训》更为通俗，为普通人提供了一种信念以及可以操作的具体方法。袁了凡的身上既有禅宗的痕迹，也有王阳明心学的影响。从禅宗到王阳明再到《了凡四训》，我们可以看到一条儒释融合后的思想脉络。

"立命之学"的最后，袁了凡觉得算不算命已经不重要，重要的是做个有自觉意识的人，做一个不断让自我变得更好的人。所以，他这样叮嘱自己的孩子："汝之命，未知若何？即命当荣显，常作落寞想；即时当顺利，常作拂逆想；即眼前足食，常作贫窭想；即人相爱敬，常作恐惧想；即家世望重，常作卑下想；即学问颇优，常作浅陋想。

"远思扬祖宗之德，近思盖父母之愆；上思报国之恩，下思造家之福；外思济人之急，内思闲己之邪。

"务要日日知非，日日改过。一日不知非，即一日安于自是；一日无过可改，即一日无步可进。天下聪明俊秀不少，所以德不加修，业不加广者，只为'因循'二字，耽阁一生。"

不论怎么样，当你飞黄腾达的时候，要保持谦卑，要常作落寞之想；即使一帆风顺的时候，也要多多想到艰难险阻；即使丰衣足食的时候，也要想到忍饥挨饿；即使人家对自己很好，也要想想自己有什么值得人家善待的；即使家道兴隆的时候，也要居安思危；即使已经很有学问了，还是要看到更有学问的人，要意识到自己的学问其实远远不够。

从远的方面讲，要想着如何弘扬祖先的美好德行，近的方面，要想着如何妥善弥补父母的过失；对上，要多想想如何报效国家，对下，要多想想如何造福家庭；对外，要多想想如何急人之难，对内，要多想想如何防止自己心生邪念做坏事。

一定要天天反省自己做错了什么，天天把自己的过失改正。一天不反省自己的过失，就会心安理得地一直错下去；一日不去改正自己的错误，就是一天没有什么进步。天下不缺聪明优秀的人，他们之所以不能修养身性，学有所成，正是因为被"因循"二字困住，耽搁了一生。

第二章
改过之法

6. 羞耻心：让自己变得更好的动力

想要立命，需要有羞耻心。

羞耻心意味着自省，而想要改变命运，很重要的一步便是认识自身的不足，改正过失，让自己变得更好。所以，在"立命之学"后，袁了凡就讲到了"改过之法"。为什么改正自己的过失那么重要呢？袁了凡解释道："大都吉凶之兆，萌乎心而动乎四体。其过于厚者常获福，过于薄者常近祸。"因为善念恶念都萌动于人的内心，而内心所思所想皆会体现在言语行动里，所以通过一个人的善恶便可预测他的吉凶。一个人如果心地淳厚，就会经常获得福报；如果待人刻薄，就会经常遭受苦难。在《左传》里就有很多例子，春秋时代的士大夫通过观察一个人的言行，就能够推测出这个人的吉凶祸福，大多都很灵验。比如著名的"多行不义必自毙"：共叔段狂妄自大，大举扩张自己的城邑和军队，企图和自己的兄长庄公争夺权势，庄公未加阻止，只对忧心忡忡的大臣说了句"多行不义必自毙，子姑待之"，结果共叔段引得众怒，被迫远走他乡。

普通人受各种干扰，很难真正看清一个人，便以为世事难料，祸福不能测。其实真诚乃天道，一切伪装、谎言终有被戳破的那一天，而追求真诚是我们的修身之道。不欺骗自己，不欺骗他人，以至诚之心感通世界，才能察觉吉凶祸福之兆。做到这点以后，我们只要观察一个人所做的善行就可以预知他的福气快要来临，观察他所做的恶行便可发觉祸事的征兆。基于此，袁了凡说："今欲获福而远祸，未论行善，先须改过。"我们如今想获得福报、远离祸害，可以先不谈行善，而要先打理好自己的品行、人格，从改正自己的过失开始。

改正过失的方法，袁了凡讲要发"三心"、从"三改"：发耻心、发畏心、发勇心；从事上改、从理上改、从心上改。

"三心"之首便是羞耻心。羞耻心会让人觉得内心不安，从而产生改正的动力。什么是羞耻心呢？通俗地说，就是会脸红。达尔文曾在著作《人类和动物的表情》中专门讨论过脸红，在他看来，"脸红是一切表情当中最特殊而且最具有人类性的表情"。他还在书中特意提及中国有一种"羞愧得脸红"的说法，记录了一个中国男子在被询问为什么不好好干活时脸红的案例。一个成年人还会脸红，说明他内心是善良的。羞耻心是一种强烈的情感体验，能够促使我们在行为和言辞中遵守社会道德规范。羞耻心来源于社会比较，把个体放在人类社会系统里，让个体意识到某些行为会使自己的形象受损，从而约束自己的行为。

袁了凡讲羞耻心，首先讲如何知"耻"。有对比才有差距，而对比需要寻找一个参照物，因此知"耻"首先便要寻找一个优秀的道德标准。袁了凡讲道："思古之圣贤，与我同为丈夫，彼何以百世可师？我何以一身瓦裂？"正所谓"见贤思齐"，试想古代圣贤和我同为七尺男儿，为什么他们能够成为圣贤流芳百世，而我却一事无成？唐朝韩愈有一篇名文叫《原毁》，篇名中的"原"意为探究，"毁"意为毁谤，"原毁"就是探究"毁谤"这种现象产生的原因。韩愈在文章中就用古代圣贤和当代君子形成对照，发明深意。

《原毁》开篇就说，古时候的君子严于律己，宽以待人，知道古代的圣人舜和周公一个有仁有义，一个多才多艺，就去探究他们所以成为圣人的道理，并扪心自问：他们都是人，我也是人，他们能这样，我却不能这样！然后，在日常生活中，努力比较自己和舜、周公的行为，改正自己的缺点，学习舜和周公的美德。舜和周公作为万世敬仰的圣贤代表，我们自然难以望其项背，但当我们可以做到在反省自己的时候，以他们为榜样来要求自己，看到自己的不足，这就是严于律己；评论别人的时候也是如此，总是看到他们的优点和才能，这就是宽以待人。

明确了参照标准后，接着就是寻找自身与标准的差距和不足。韩愈笔锋一转，指出现在所谓的君子却正好相反，对自己总是过分宽容，而对别人则会要求很多。对没什么才能的自己总是自我欺骗说"我有这么一个优点，已经够了"，"我有这个本领，已经够了"；而对比自己更加优秀的别人，总是挑剔有加"这个人虽然能做到一点，但他的人品不好"，"那个人现在不错，但以前很差"。总之，就是用圣人的标准要求别人，却用常人的标准要求自己。

现在的君子为什么会这样？韩愈将原因落在"怠"和"忌"这两个字上。现在的君子不仅自己懒惰，还看不得别人勤奋；嫉妒别人的长处，不仅不去称赞，还要去诽谤，制造流言蜚语。怠惰之心阻碍我们自身的修行，善妒之心驱使我们去阻碍别人的修行。

韩愈的文章是针对当时士大夫之间盛行的毁谤之风而作，袁了凡则从普通人的生活出发，指出"耽染尘情，私行不义，谓人不知，傲然无愧，将日沦于禽兽而不自知矣"。他的意思是我们之所以无法成为圣贤，正是因为我们被世俗的情欲侵染，沉溺于世俗的情感和情欲，以为别人不知道就私下做一些不义的事，而且没有愧疚之心，一天天沦为禽兽而不自知，世界上最羞耻的事莫过于此。这里有两个含义：第一，我们不能放纵自己的七情六欲，要用法度和礼仪去约束、平衡这种与生俱来的本能；第二，即使在别人不知道的情况下，也要不可懈怠放纵。这其实是儒家的"慎独"思想。《礼记·中庸》说："是故君子戒慎乎其所不睹，恐惧乎其所不闻。莫见乎隐，莫显乎微，故君子慎其独也。"意思是，君子在没人看见、没人听见的地方也要小心谨慎、心怀敬畏。越隐蔽细微之处越能彰显一个人的品质，所以君子要学会在独处时也谨言慎行。学会约束自身，人前人后都保持同样的品质，这是袁了凡讲"发耻心"的第二步。

袁了凡讲"发耻心"的第三步时提到了孟子："孟子曰：

'耻之于人大矣。'以其得之则圣贤，失之则禽兽耳。此改过之要机也。"孟子这句话的意思是，羞耻心对于人非常重要。因为有羞耻心就可能成为圣贤，没有羞耻心就会沦为禽兽。这是改正自己错误的关键。

耻，在儒家思想里是一个非常重要的概念。"耻"的本义是辱，指自己的声誉受到损害；做动词用的时候，有惭愧、羞愧的意思。这些解释看起来都像是人的一种情感反应，而在儒家的语境里，"耻"还有另一种意思——做人的基本道德基础。

子贡曾问孔子，怎么样才算是一个士？孔子说："行己有耻，使于四方，不辱君命，可谓士矣。"其中"行己有耻"就是说要有羞耻心，凡是认为可耻的事情都不去做。这里的"耻"就是人对自身行为的一种即时情感反应，也是人不认同自身的一种表现。由这种"不认同"发展而来的便是对自身不完善状态的察觉和内省。比如孟子还讲过一句很直接的话："人不可以无耻，无耻之耻，无耻矣。"人不可以没有羞耻之心，不以没有羞耻心为耻，那真的是无耻了。这时"耻"还有一层"知耻"的含义，已经不单纯是一种即时的情感反应，更包含了"察觉"这个动作，是一种人的主观判断或选择。这里的"耻"才是一种道德标准，它能够引导人们更深入地认识自己，明确什么应该做，什么不应该做。因此孟子把"礼、义、廉、耻"作为四德。

在此基础上，孔子又将"耻"作为一种教化和治国的方法。孔子说："邦有道，贫且贱焉，耻也。邦无道，富且贵焉，耻也。"一个国家政治清明的时候，你却过得潦倒贫贱，那就是你的耻辱；一个国家政治黑暗的时候，你却混得荣华富贵，那就是你的耻辱。又说："好学近乎知，力行近乎仁，知耻近乎勇。知斯三者，则知所以修身；知所以修身，则知所以治人；知所以治人，则知所以治天下国家矣。"爱好学习就接近智慧了，努力行善就接近仁爱了，知道廉耻就接近勇敢了。知道这三点，就知道如何修身；知道如何修身，就知道如何治理人民；知道如何治理人民，就知道如何治理天下国家。

孔子的做法实际上将"耻"这种自我判断，演变为一种外在的道德约束条件。"耻"不再是一个人对自身的审视，还可以是对他人的审视。美国著名人类学家鲁思·本尼迪克特在《菊与刀》中提出了一种"耻感文化"。她把中国、日本等东方文化叫作耻感文化，把西方文化叫作罪感文化。两者的区别在于，耻感文化更加依赖于外在的约束手段，如道德、法律等，更直白地说耻感文化相信人性本善，认为人一旦违背了本性中的善，就会感到"耻"，并为了维护自己的名誉而规范自己的行为；罪感文化则依赖于人心中对恶的认识，即人的原罪，人想要赎罪，就要接受来自上帝的绝对的道德指令。两者虽然有很多差异，但本质上都是让人在违背伦理道德规范的时候心有不安，以此来完善自己的品格和行为，从而让整个社会都有一种向善的氛围。

7. 敬畏心：人在做，天在看

想要立命，必须要有敬畏心。

敬畏心是一种对于崇高事物的敬重、敬仰和顶礼膜拜的情感，在不同的文化和宗教中都有所体现，它超越了个人的欲望和利益，将人与更大的存在联系起来，使人意识到自己的渺小和有限。假如说羞耻心是把自己放在人伦系统之中，让人伦原则约束自己，那么敬畏心则是把自己放在天地万物之间，让更高的法则约束自己。

袁了凡讲"敬畏心"，可以从三个方面来理解。第一个方面，即敬畏天地鬼神。袁了凡首先便说："天地在上，鬼神难欺，吾虽过在隐微，而天地鬼神，实鉴临之，重则降之百殃，轻则损其现福，吾何可以不惧？"

这句话的意思，简单来说就是"人在做，天在看"，"头上三尺有神明"。天地鬼神虽然肉眼看不见，伸手摸不着，但实际上就在我们周围。我们很难欺骗天地鬼神。即使在没有人看到的地方做坏事、犯了错，也瞒不过头顶的天、脚下的地和身边的神灵鬼怪。他们就像一面隐形的明镜，随时监视、反映着我们的一举一动；一旦发现你犯下过错，重则让你遭遇各种祸害，轻则让你折损现世的福报，我们怎么可以不对天地鬼神存敬畏之心呢？

儒家讲敬畏天地鬼神，其实设置了一个无处不在的约束条件，让人们在做任何事情时，都会感受到有一双看不见的眼睛正在监视着自己的行为，一旦行有不端便会受到相应的惩罚，从而学会随时自省，学会知耻。可以说，羞耻心也来自敬畏心，因此袁了凡在"发耻心"后提出"发畏心"。

第二个方面，即敬畏人言。袁了凡接着说："不惟是也。闲居之地，指视昭然；吾虽掩之甚密，文之甚巧，而肺肝早露，终难自欺；被人觑破，不值一文矣，乌得不懔懔？"

不只天地鬼神在注视着我们，身边的人也在盯着我们的一举一动。哪怕我们在避人独居的时候，做了错事可以遮掩一时，却还是难逃天下人的眼睛；即使百般遮盖，巧加掩饰，别人也早就看透了你的肺腑肝肠，察觉到那些丑恶的心思，这种自欺欺人终是无用之功；而一旦被人识破，人格崩塌，其为人也就不值一提了。我们怎么能不敬畏人言呢？

这段话大概化用自《大学》，其文曰："小人闲居为不善，无所不至，见君子而后厌然，掩其不善，而著其善。人之视己，如见其肺肝然，则何益矣。此谓诚于中，形于外，故君子必慎其独也。"也是自儒家的"慎独"思想发展而来。意在警示人们，尽管做错事可瞒得一时，但谎言终有被戳穿的那一天，内心的邪恶终会被周围人察觉。

以上两点都脱胎自儒家思想。孔子说："君子有三畏：畏天命，畏大人，畏圣人之言。小人不知天命而不畏也，狎大人，侮圣人之言。"孔子认为君子应该有三个层面的敬畏：敬畏天命，敬畏居于高位者，敬畏圣人的言论。小人无知者无畏，因而不知道天命，轻视位高者，随意调侃甚至侮辱圣人的言论。孔子所说的敬畏天命，简单来说就是自性，就是人内心的良知，人要对内心的"善"怀有敬畏之心，时刻放大"善"的一面，才是君子所为。所谓"大人"，指那些身居高位且德高望重之人。郑玄解此为"天子诸侯为政教者"，可以看出"大人"可以通过决策和影响力影响社会上很多人的祸福，如若对他们不敬，往往牵一发而动全身，后果不是个人的能力所能把控的，所以要心存敬畏。举个简单的例子，比如有学生对某位品德高尚、颇有威望的老师不敬，便会招来对这位老师的非议、诽谤，既破坏了该老师对其他学生的教学，也引起了学生之间的相互对立。引申开来，"大人"不仅仅指某种特殊对象，更是社会秩序的象征，"畏大人"即对社会秩序的敬畏。所谓"圣人之言"，圣人自然是已经觉悟、醒悟天命的人，他们的言论自然是顺应自然规律的真理，也可以引申为文化传统，"畏圣人之言"即对自身文化的敬畏。

心有敬畏才能诚心。不管是袁了凡还是儒家所强调的"畏"，归根结底都是在提醒世人不管人前人后都要"独善其身"，上不欺天，下不欺人，更不要自己骗自己，努力诚心修身，勿失操守。

袁了凡讲"敬畏心"的第三个方面是敬畏因果报应。"一息尚存，弥天之恶，犹可悔改；古人有一生作恶，临死悔悟，发一善念，遂得善终者。谓一念猛厉，足以涤百年之恶也。譬如千年幽谷，一灯才照，则千年之暗俱除；故过不论久近，惟以改为贵。但尘世无常，肉身易殒，一息不属，欲改无由矣。明则千百年担负恶名,虽孝子慈孙,不能洗涤;幽则千百劫沉沦狱报,虽圣贤佛菩萨,不能援引。乌得不畏?"

一个人只要活着,还有一口气,即便犯了弥天大罪,都还有悔改的希望。古时候有的人一生作恶多端,临死时幡然悔悟,内心生起善念,也可以得到善终。也就是说,强烈的悔改和向善的意念,足以洗涤百年的罪恶。打个比方,幽闭了一千年的黑暗山谷,只要有灯光照进来,千年黑暗尽除。所以不论犯了什么过错,不论是多久以前的事,只要下决心改正错误,就是难能可贵的。然而我们一定要明白,人世无常,生命非常脆弱,就像佛陀说的,命在一呼一吸之间,一口气接不上,想改过也来不及了,依然要承受之前犯下的过错的果报。所以改过要趁早,觉悟要趁早。而一旦觉悟,就一刻都不能懈怠,一念都不能放纵。如果一个人生前不能改过,那么死后,之前所造的恶业,千百年都会成为一种恶名让他担负,就算他的子孙多么孝顺慈爱,也不能帮他洗涤恶名。再进一步讲,一个人若背负着恶业,必定遭受沉沦地狱的报应,就算是圣贤、佛、菩萨,也救不了他。所以,人能够没有敬畏心吗?

所谓"种善因者,得善果;种恶因者,得恶果"。《六祖坛经》有一段话讲因果报应,六祖说:"何名圆满报身?譬如一灯能除千年暗,一智能灭万年愚。莫思向前,已过不可得,常思于后,念念圆明,自见本性。善恶虽殊,本性无二。无二之性,名为实性。于实性中,不染善恶,此名圆满报身佛。自性起一念恶,灭万劫善因。自性起一念善,得恒沙恶尽。

直至无上菩提。念念自见，不失本念，名为报身。……思量恶事，化为地狱。思量善事，化为天堂。毒害化为龙蛇，慈悲化为菩萨，智慧化为上界，愚痴化为下方。自性变化甚多，迷人不能省觉，念念起恶，常行恶道。回一念善，智慧即生。此名自性化身佛。"

什么是圆满报身？就像一盏灯只要点亮瞬间就可以去掉千年的黑暗，顿悟一点智慧就可以瞬间消灭千年的愚痴。过去的事情已经过去了，不必再想来想去，倒是应该想想以后怎么办。彻底领悟每一个念，就能清楚认识自己的本性。善和恶虽然不同，人的本性却是一样的。那就是真实的本性。在这真实的本性中，人不会沾染善恶，这就是圆满报身佛。自己的本性中只要出现了一个恶念，就会使历经万劫而来的善因消失；自己的本性中只要出现了一个善念，就能让如河沙般繁多的恶报尽除。直到获得至高无上的觉悟。从每个念中都能认识自己的本性，不失本来的善念，一心想着以后，从即刻起就不断行善，就叫报身。……你一心想着邪恶，就下了地狱；你一心想着善良，就进了天堂。想行毒害之事会让你成为畜生，想行慈善之事会让你成为菩萨，智慧引导你进入解脱的界域，愚痴把你带向欲望的界域。如果幡然醒悟，生出一个良善的念头，即会生发智慧。

显然，袁了凡敬畏因果报应的说法和六祖一脉相承。为什么要敬畏因果法则？佛家认为整个宇宙都是一个相互依存和相互作用的系统，每个人的行为都会对宇宙产生微妙的影响，这些影响最终会反过来影响个人。

需要特别指出的是，不管是六祖还是袁了凡的讲述，"因果报应"都不能被简单理解为奖惩制度。这是一种深刻的理解生命和宇宙的方式。它强调每个人对自己的行为负责，并鼓励人们通过善行、善念和慈悲心来创造积极的影响；通过追求善行和正直，个体可以逐渐摆脱痛苦和无明，实现解脱和觉悟。

同时需要注意的是，"因果报应"不是一种绝对的命运论，随着因果关系的改变，报应也时刻在改变。许多因素可以影响一个人的经历和境遇，包括前世的行为、环境条件和他人的行为，等等。因此个人应以饱含正直和善意的心态来应对自己的经历，同时对他人保持宽容和慈悲。它强调了个人的责任和自主选择的重要性，以及每个人在生命中所扮演的角色。"因果报应"教导人们通过善行和善念来产生积极的影响，从而逐渐实现解脱和觉悟。

中国禅宗强调通过修行和觉知，逐渐超越因果的束缚，实现真正的自由。禅修者通过深入觉知和明晰自己的念头，可以从对因果报应的执着和依附中解脱，从而达到超越因果的境界。这并不是在逃避因果，而是出于纯粹的慈悲和智慧。

袁了凡对敬畏心的阐释基本上包含了中国文化里的敬畏观。在西方，"敬畏心"一词最早出现在古希腊哲学中，被用来描述一种对神圣或伟大事物的敬畏之情。在柏拉图的哲学中，敬畏心被视为智慧和道德的根源之一，人们通过敬畏心与那些高于人类的超越性实体相连，并与之建立联系，从而实现追求真理和智慧的目标。柏拉图认为只有具备敬畏心的人才能够得到真正的幸福。

18世纪启蒙运动时期，西方的敬畏心观念开始发生变化。启蒙运动强调人的理性和自由，批判传统宗教对个体思想的束缚。在这一背景下，敬畏心逐渐从对上帝的敬畏转向对人类价值的敬畏。康德无疑是其中的领军人物，他将敬畏心看作是人类意识中的一种理性意向，它使我们将道德法则视为绝对，使我们能够在行为中展现个体尊严和价值；只有具备敬畏心的人才能够拥有自由和道德的行为。

存在主义哲学强调人的存在和自由意志，认为个体面对无意义和孤独的存在，需要自主地为自己的生活负责。在这一背景下，敬畏心被视为一种对存在的深度认识和接纳，以及对生命的积极承担。在萨特看来，敬畏心是面对自己的自由和责任时所产生的一种情感；人类的存在是无意义的，但我们可以通过选择和行动赋予生活以意义；敬畏心使我们意识到我们的选择和行动对自己和他人产生的重大影响，同时也使我们感受到自由的重负和责任。

1950年代，诺贝尔和平奖得主史怀泽推出了"敬畏生命"这样一个理念。敬畏生命，就是体认生命的尊严与可贵，在每一个生命前抱持谦恭与畏敬之意。史怀泽讲的生命，是包括人类在内的所有生命。他提倡"把爱的原则扩展到一切动物"，以实现伦理学的革命。

总的来说，无论东方还是西方，都强调了敬畏心在人的生活和道德行为中的重要性。无论是对神圣、伟大事物的敬畏，还是对人类价值、自由和责任的敬畏，敬畏心都被认为是引导人们追求真理、实现自由和塑造意义的一种情感和动力。通过敬畏心，人们能够超越自我，与世界和他人建立联系，并在存在中找到生活的价值和意义。

8. 勇猛心：干脆利落，绝不拖泥带水

想要立命，当然需要勇气。

认识到自己的不足、错误不难，但要改正却不太容易，因为不足、错误，往往是一种惯性。改变惯性并非易事，因此需要勇心。勇心，不只是勇敢，更是一种认准就绝对不拖泥带水的干脆，是一种彻底的改变。

袁了凡讲的"勇心"，针对的是改过："人不改过，多是因循退缩。吾须奋然振作，不用迟疑，不烦等待。小者如芒刺在肉，速与抉剔。大者如毒蛇啮指，速与斩除，无丝毫疑滞。此风雷之所以为《益》也。"

对于一般人来说，改过之所以很难，是因为因循守旧，得过且过，畏难退缩。因此必须要发奋振作，不要犹犹豫豫，不要消极等待，要立即行动。小的过错，就像芒刺钻进了肉里，应当迅速剔除；大的过错，就如毒蛇咬了手指，应当赶紧砍掉手指，不能有一点迟疑。《易经·益卦》说得好："《象》曰：风雷，益。君子以见善则迁，有过则改。"疾风惊雷之后，万物都会更加茁壮，这便是雷厉风行的益处。君子也应效仿风雷的速度，看见善行就一心向往，有了过失就马上改正。

这里的重点是要果断行动。"过"，《说文解字》释为"度也"，本义为走路经过；而走错了路，就应该果断地扭转方向，回到正确的道路上来，否则只会越来越偏航，甚至再也走不回来。

很多人明白背后议论别人不怎么好，但是聚在一起，还是会忍不住议论——大家好像都这么做，似乎也没有产生什么明显的不良影响。殊不知说人短长，人也会说你长短，久而久之舆论就会影响到自己的人生。所以，一旦觉得不妥，就要立即行动，马上停止议论别人的是非，你的人际关系也会随之改善。

很多人知道吃油腻的东西对身体有害，但还是忍不住嘴馋，总安慰自己下不为例，而这种"下不为例"积累到一定程度，身体就会发出警报。因此，一旦明白吃油腻的东西不太好，就应该趁着还没有生病，赶紧改变饮食习惯，这样才会有健康的身体。

语言上的议论是非、不良的生活作息等，可以不知不觉影响我们的思维和生活。一旦意识到这是不好的习惯，却还是不去改变，这些细微的过失就像"芒刺在肉"，虽然不致命，却一直隐隐作痛，迅速剔除才能痊愈。采用不正当的手段赚钱、违法乱纪等，就是一种罪恶。一旦意识到这种生活方式不对，就应该"速与斩除"——唯有赶紧砍掉被毒蛇咬伤的手指，才能保住性命。还有一些并非过失，而是错误的选择，像婚姻、工作等，我们也应该果断去改变，毕竟我们只活这一辈子，要尽力活成自己想要的样子。

有些人在某个单位里工作了很多年，感觉人生的路越走越窄，越来越疲劳，好像陷在一个死胡同里。很多人在惯性的轨道上不愿意或者完全没有想到，自己是可以离开轨道的。人不是行星，生来注定只能在某个轨道上运行，只要你愿意停下来，抬头往前看，就会发现广阔大地上处处都是路。我们一旦觉得自己走进了死胡同，觉得怎么努力都没有用，就应该迅速意识到，需要改变的时候到了。这个时候需要的正是果断改变的勇气——你要勇敢地离开已经习惯的生活，离开自己的舒适圈，你要归零，要重新开始。

改变，首先需要承认自己的惰性和劣性，其次需要改变自己的惯性，确实需要极大的勇气。所以，在中国传统思想中，"勇"是一个极为重要的概念。"好学近乎知，力行近乎仁，知耻近乎勇。"儒家认为的君子应该具备"知""仁""勇"这三种品格，而"勇"正是知耻，唯有知耻才知改过。但在孔子的论述里，"勇"是需要前提的，比如他说："君子有勇而无义为乱，小人有勇而无义为盗。"勇敢以"道义"为前提，没有道义的勇敢是莽撞，君子会制造动乱，小人会变成盗贼。

在西方，很多哲学家也认为勇气是有前提的。柏拉图认为勇气必须和智慧、理性联系在一起。他在《理想国》中这样描述自己理想中的守卫者阶层：成员们必须拥有勇气来面对困难和危险，以保护国家的利益。圣奥古斯丁认为，勇气源于人们对上帝的信仰和对真理的追求。托马斯·阿奎那认为，勇气是一种由上帝赋予的美德，它可以使人们超越自身的恐惧和贪欲，追求公正和真理。尼采把勇气与超越个人限制以及追求自我超越联系在一起，勇气是一种能够面对存在的困境和不确定性的力量，它要求个体超越传统的道德观念和价值观，去探索和发现新的可能性。西蒙娜·德·波伏娃把勇气看作是对自由和责任的承担，所谓勇气，就是在存在的无意义和不确定性中坚持和行动的力量。

无论西方还是东方，勇气都被认为是重塑自我的一种行动力量，一种敢于改变的力量。羞耻心让我们透过人性的社会规范，来完善自我；敬畏心让我们透过高于人类的力量，来提升自我；此两者就像一面镜子，反映出我们的瑕疵和过失。在清楚了自身的瑕疵和过失后，就需要勇气去果断地改变。所以，袁了凡将勇心放在羞耻心和敬畏心之后，并总结道："具是三心，则有过斯改，如春冰遇日，何患不消乎？"有了羞耻心、敬畏心、勇心这三种心，就会有错就改，如同春天的冰遇到太阳，即刻融化，哪还用担心不会消失？

9. 事上改：良好习惯的养成

想要立命，一定要养成良好的习惯。

前面讲了自我完善需要三种心：羞耻心、敬畏心、勇心。一旦有了这三种心，自我就会保持警惕，保持反省。接着，袁了凡讲了三种改正的方法：一是从事情本身上去改，二是从道理上去改，三是从心性上去改。袁了凡的"三改"，用今天的话说，就是改掉不良习惯，形成新的良性循环。一些人之所以强大，并不是因为他有什么复杂的成功秘诀，而是他长期坚持着几个很简单的习惯而已，就像亚里士多德说的："卓越不是一时的行为，而是习惯。"

第一，从事上改。袁了凡举了个例子："如前日杀生，今戒不杀；前日怒詈，今戒不怒。"以前经常杀生，现在不杀了；以前经常发脾气，现在不发了。就是不管三七二十一，先把一个旧的不良习惯改掉，确立一个新的习惯，然后你就会发现这个新习惯会产生意想不到的力量。这点我深有体会，一个小小的习惯，会带来难以想象的连锁反应。很多年前，我感觉自己在工作中越来越吃力，无形中有一种力量强迫我每天运行在一套设定好的程序中。我决心改变。我开始坚持每天早晨醒来打坐冥想，两个月后，情况发生了微妙的变化——那种疲于奔命的感觉消失了，至少我又能感觉到，自己可以把控每一天的状况了。

从那以后，我发现了一个规律：下决心去做一件很小但切实想做的事，一直坚持下去，生活状况就会有所改变。在女儿上小学时，有一段时间我因为工作很忙经常见不到她：晚上回家时她已经入睡，早上起来时她已经上学。我觉得这不是正常的生活，在她四年级的时候，我下决心每天下午去接她放学，不管有什么事都推辞，这个习惯一直坚持到了她小学毕业。奇怪的是，我并没有因为这样而影响了事业，相反，我的事业更加顺利了。

另一次改变也深刻地影响了我的生活。年轻的时候，我忽然意识到，自己的人际关系并不健康，而问题正源于我的傲慢。从那天开始我便下决心谦逊地看待每个人，特别是不再议论别人的短长是非，哪怕是公共人物的个人隐私也坚决不去议论。多年坚持下来，我很少再遇到人际关系的问题。

属于身体层面的习惯更容易去改变，比如觉得早晨应该起来跑步，坚持跑下去即可；觉得说闲话不太好，坚持不再闲言碎语即可。但思维上的习惯，因为不太容易察觉，所以并不容易改变，而思维上的习惯对命运的影响却更为深刻。

欧美有一本畅销了很多年的书《高效能人士的七个习惯》，作者史蒂芬·柯维用一个寓言故事来解释什么是效能。有一天，一个穷困的农夫在鹅圈里发现了一个金蛋。他简直不敢相信，他的鹅居然会下金蛋！结果第二天，鹅又下了一个金蛋。很快农夫就接受了这个匪夷所思的事情，并在每天早晨去鹅圈拿金蛋，很快成了富翁。财富让他变得贪婪，他开始觉得每天一个金蛋太少了，于是就把鹅杀了，想要把鹅肚子里的金蛋全部取出来。鹅肚子里自然什么都没有，鹅死后他也再没有金蛋了。柯维说这个寓言里蕴含了一个自然法则：产出越多，效能越高。这其实就是效能的基本定义。真正的效能应该包含两个要素：一是产出，即金蛋；二是产能，就是生产的资产或能力，即下蛋的鹅。重蛋轻鹅的人很可能和故事里的农夫一样，失去这份资产；相反，轻蛋重鹅的人也可能会因太过重视鹅而被活活饿死。柯维的意思是，效能在于产出和产能的平衡。人的一生，拥有的资产无非是物质资产、金融资本和人力资本，运用这些资本的效能越高，你的人生就越顺利，关键是需要在产出和产能上达到平衡。

那么，如何成为一个高效能的人呢？柯维认为，最简单的方法，就是建立七个习惯。

第一个习惯，积极主动。这个习惯是在告诉自己：我是创造者，只有我才能掌控自己的人生。柯维举了一些例子，比如遇到困难时，我们经常会说："我已经无能为力了。"这就是一个消极被动的思维习惯。我们可以试着对自己说："试试看有没有其他可能性。"遇到别人冒犯自己，我们经常会说："他把我气疯了。"换一个思路，我们告诉自己："我可以控制我的情绪。"当遇到无法说服别人时，我们经常会说："他们不会答应的。"这也是一个应该改变的思维习惯。我们应该告诉自己："我可以想出更有效的表达方式。"当去做一件事的时候，我们经常会限定自己的高度："我只能这样做。"不妨试试告诉自己："我还可以选择更合适的方法！"当我们拒绝某些事的时候，会说："我不能……"或许对自己说："我选择……"会有更多意想不到的收获。

第二个习惯，以终为始。一般在工作中我们习惯别人交代做什么就做什么，很少思考事情背后的目的，仿佛一台没有感情的机器。以终为始的习惯，就是要自己编写自己的程序，成为自己的第一次创造者。所谓第一次创造，就是在头脑中构思、设计，就是在做事情之前，先认清努力的最终目标，以清晰的方向和价值观来引导自己的人生。柯维认为每个人都应该撰写个人使命宣言，随时提醒自己想成为一个什么样的人。这是以终为始最有效的方法。

第三个习惯，要事第一。重要的事，不一定是紧急的事，也不一定是那种需要马上处理的事。我们很容易忽略真正重要的事，觉得不紧急就一直拖延，反而使得自己整日疲于奔命，陷于忙乱的紧急杂务里。在每一次被动地追赶上deadline（最后期限）后，却并不能感受到有所收获，反而只剩下空虚和疲惫。想要解决这个问题，必须明白自己真正重要的事情是什么。柯维认为需要引起重视的重要之事是人际关系、撰写使命宣言、规划长期目标和防患于未然。因此，柯维在解释第三个习惯之前，请读者问自己两个问题：在我目前的生活中，有哪些事情能够使我的个人生活彻底得到改观，却又一直没有付诸实践？在我目前的生活中，有哪些事情能够使我的工作局面彻底得到改观，却又一直没有付诸行动？所以，要事第一的思维习惯，其实是前面"积极主动"和"以终为始"两个习惯的实现，让你从重要性而不是紧迫性的角度来观察事物,让你能够真正从忙碌、奔波中解放出来。

第四个习惯,双赢思维。一般人遇到竞争的时候,很容易陷于非此即彼、你死我活的模式,因此总是向着你输我赢的方向思考。柯维认为我们应该向着双赢的方向思考。假如实在无法达成共识,实现双赢,那么不如放弃。双赢思维习惯最基本的方法是,遇到和人交易、合作或者竞争时,先弄清楚对方想要什么,站在对方的角度去观察,然后找到契合点,实现大家都能接受的结果。

第五个习惯,知彼解己。这个习惯是第四个习惯的更进一步。第四个习惯针对的是竞争性人际关系,知彼解己针对的是一般的人际关系。一般人喜欢别人理解自己,但忘了别人也希望你能理解他。因此,在人和人交往的时候,养成聆听的习惯。这里说的聆听不是被动接收,而是良性回应,有同理心的沟通。这样才能在理解别人的同时,更进一步地了解自己。

第六个习惯,统合综效。它是第五个习惯的更进一步,针对的是如何和意见不同的人相处。其基本原则是如果别人的意见和我不同,不要马上否定,而是去思考他的意见是否有合理的成分。每个人都有局限,总是和自己意见一致的人交往,会使自己成为一座孤岛,要善于和不同的人交往,让自己成为海洋。

第七个习惯,不断更新。人生不应该是消耗的,而是不断更新的。这个习惯最为关键,也是前面六个习惯的综合。不断更新其实就是个人产能,它保护并优化你拥有的最重要的资产——你自己。这个习惯的含义是，在四个层面养成不断更新天性的习惯：身体（锻炼／营养／压力调节）、精神（实现价值／忠诚／学习／冥想）、智力（阅读／写作／想象／规划）、社会或情感（服务／同理心／统合综效／内在安全感）。我们现在的工作无论看上去多么稳定，都不能带来真正的安全感，真正的安全感来自良好的思维、学习、创造与适应能力。我们现在拥有多少财富，都不等于经济独立，只有拥有创造财富的能力，才是真正的独立。

柯维的七个习惯，有不少和《了凡四训》里的论述是一致的。人类对于美好生活的设计，不分中外古今，本质上是一致的。归纳起来，我们要想改变自己，首先要把不良的习惯改掉，尤其是细微的不太注意的小毛病更要坚决断除。其次，更要清理思维上的不良习惯。一旦从生活方式到思维方式建立起一个良好的习惯系统，那么我们的人生就在自己的把控之中了。

10. 理上改：弄清楚了逻辑，一切就会顺遂

想要立命，一定要做到逻辑自洽。

前面讲到先从事情本身着手，把不良的习惯改过来。但袁了凡也强调"未禁其事，先明其理"。如果不弄清楚其中的原理，即使强迫自己改过，也还是会再犯。所以，一定要弄明白其所以然再去改过。这个就是从理上改，也可以理解为从逻辑上去改正自己的过失。

杀生，这是普遍存在的现象，大家觉得没有什么问题，好像人类要生存，就得牺牲别的动物来维持自己的生命。但袁了凡说，如果你认真思考，就会觉得并不合理。第一，上天爱惜一切的生灵，而所有的生物都有求生的本能。杀了别的生命，来供我口腹之欲，我怎么能够心安呢？第二，我们在宰杀的时候，用刀割开动物的身体，又用水煮油煎，可以想象一下这是何等的痛苦。第三，维持我们生命的食物很简单，蔬菜、豆腐、米饭已经有足够的营养，何必还要挖空心思去吃山珍海味？吃了这些，并不会让你的身体变得更健康，只是在满足口腹之欲。第四，所有生灵都靠血气维持生命，都或多或少包含着灵性，既有灵性，其实它们和我们人就是一体的，即使它们不能修成美好的品德，尊重人类、亲近人类，我们也不应该杀害它们，使得它们一直怨恨我们。

明白了这四点，即使做不到完全不杀生，也会心生一点

怜悯和慈悲，在饮食上就会有所节制。而有节制的清淡饮食恰恰有益于健康，更加轻松的身体反过来会慢慢改掉我们原本为了满足口腹之欲的杀生行为。

发脾气，也是普遍存在的现象。经常听到这样一句话：他只是脾气不好，人还是挺好的。袁了凡就分析了为什么不能发脾气：第一，发脾气往往是因为别人做得不好，但别人做得不好，我们应该同情他，为什么还要对他发脾气呢？第二，发脾气往往引发人与人之间的争斗，对自己有什么好处呢？第三，因为别人说自己的坏话发脾气，费了很大的劲去辩解，却是越辩越多议论，至于愤怒更是自己和自己过不去，只要自己问心无愧，清者自清，流言蜚语就像火在空中燃烧，再大的火也会有熄灭的一天。即使别人毁谤我们，也没有必要发脾气，不妨把它当作磨炼和考验。

袁了凡的看法是，只要明白了道理，事上犯的过错自然就会得到彻底的改正。

明白道理，有时候就在一念之间。有一次在飞机上，乘务员在收拾餐盘的时候，不小心把餐盘掉在了我身上，弄得我衣服上全是剩菜残羹。我本能的反应是愤怒，想大声指责道："你怎么这样？"但在脱口而出的那一瞬间我突然意识到，人家不是故意的，就算我发火也改变不了餐盘已经打翻的事实，乘务员已经为自己的粗心感到歉疚，大概还会被扣掉奖金，我又何必为难人家呢？所以我只说了一句"没有关系"，看乘务员还在紧张地道歉,我又调侃了一句:"和你没有关系,是我自己命中有此一劫。"气氛一下子就松弛了下来。从那次以后,遇到别人无心之失,我都很平静温和地回应,得到的也是越来越多的善意。

我年轻的时候,一听到别人说了和我不一样的意见,就急着去反驳,常常会引发辩论,甚至争吵。有一次在图书馆,有两个老师在讨论问题,开始还比较轻松,后来越来越紧张,声音也越来越响,几乎要扭打在一起。他们只是对某一个问题的看法不太一样,但双方都认为自己是对的,各不相让,越吵越厉害。我旁观了整个过程,觉得特别可笑,反思自己若也是这样,岂不是也很可笑?从那以后,我听到别人和我不一样的意见,就再也不去争论了,只会委婉地表示:你看待这件事情的角度挺特别的。即使要表达自己的看法,也只是说:你想得已经很周到了,但还有一个点也许也值得考虑。对于说服别人,我现在已经完全没有兴趣了。别人的意见和我不一样,我会略略思考一下他为什么会有这样的观点;如果要交流,也只是讨论,绝对不去争论。因为争论是要争出一个谁对谁错,而讨论是要相互启发,相互提升认知水平。

上一节我们提到了史蒂芬·柯维在《高效能人士的七个习惯》一书里提倡的七个习惯,他在书里还花了两章的篇幅来谈为什么要坚持这七个习惯。第一个理由,他看到身边很多事业有成的人依然过得不快乐,他们大多陷于痛苦的竞争之中——总想着要取代别人的位置;总是在表达自己,却很少顾及别人的感受;总是独来独往,不懂得合作的意义;总是在忙碌，没有时间充电和更新。这些现象的背后都是一系列的"习以为常"，所以柯维决定要提倡新的七个习惯，来取代那些阻碍我们成长的不良习惯。

第二个理由，他通过研究1776年以来美国所有讨论成功因素的文献，发现在这200多年里，前150年的主流看法都是把"品德"看作成功之母。本杰明·富兰克林是杰出的代表，他一生的努力，都在使自己成为一个有信念和品德的人，他特别看重诚信、谦虚、勇气、节欲、勤勉、朴素等品德。但在第一次世界大战之后，主流的看法变了，更看重所谓的"个人魅力"，认为个人形象、行为态度、人际关系以及长袖善舞的圆熟技巧，才是取得成功的关键。

但柯维认为，现在到了矫正的时候了，"在暂时性的人际交往之中，你或许精于世故，按规矩办事，暂时蒙混过关；你也可以凭借个人魅力八面玲珑，假扮他人知音，利用技巧赚取好感，但在长久的人际关系里，单凭这些优势是难有作为的。假如没有根深蒂固的诚信和基本的品德，那么，生活的挑战迟早会让你真正的动机暴露无遗，一时的成功会被人际关系的破裂所取代"。柯维的意思是，还是要回到人的本质，也就是人的品德，只有在品德上修炼，由内而外造就自己，才能获得真正的成功。离开了品德的各种方法，都是治标不治本。相信品德决定论，会带来全新的思维方法，会让我们的生活发生实质性的变化。

第三个理由，他用了一句俗语："思想决定行动，行动决定习惯，习惯决定品德，品德决定命运。"习惯是改变命运的关键点。习惯是知识（做什么？为什么要做？）、技巧（如何做？）、意愿（想要做）相互交织的结果，一旦形成，就像万有引力一样，让我们的生活稳定而且富有成效。

第四个理由，人的成长分为三个阶段：依赖期，以"你"为核心，需要照顾；独立期，以"我"为核心，对自己负责；互赖期，以"我们"为核心，我们可以合作，融合彼此的智慧和能力，共同创造美好的前程。人生有两种成功：一种是从依赖期到独立期，这是个人领域的成功；一种是从独立期到互赖期，这是公众领域的成功。要想取得个人领域的成功，需要养成"积极主动""以终为始""要事第一"三个习惯，着重于自我修炼；要想获得公众领域的成功，必须养成"知彼解己""双赢思维""统合综效"三个习惯；而想要长久地拥有这两种成功，需要养成"不断更新"这一个习惯。

当我们明白了为什么要养成这七个习惯的道理，再回头去看，就会有新的体会，同时在生活中实行也会更加持久有效。

袁了凡的从道理上改以及柯维的七个习惯的道理，在我看来，其实是一个很简单的意思：人生需要有逻辑，否则就会陷入无限的纠结。为什么袁了凡在强调弄清改过的道理前，又讲立命之学？为什么柯维在强调撰写个人使命宣言的同时，又讲相信品德决定论的重要性？目的都是要我们清理自己的价值观，确立一种自洽的逻辑。很多人的问题正在于不自知逻辑的混乱。混乱的逻辑带来的一定是坎坷的人生。

11. 心上改：从原因上去改变，就会心想事成

想要立命，一定要溯源到心性层面。

前面讲了确立良好的习惯，第一步从事上改，从事情本身上改掉不良的习惯，确立新的良好的习惯；第二步，从理上改，从道理上弄明白为什么要改掉这个不良的习惯，为什么要确立这个新的良好的习惯；第三步，从心上改，就是最彻底的改正，从心性层面去改变。

在袁了凡看来，一旦心念上清净了，你的每一个当下也就清净了。不好的念头还没有冒出来，你就能觉知到；而一旦觉知到不好的念头，自然就不会放任它冒出来。王阳明《传习录》里记录的一件事恰好可以形象地说明这个道理。

王阳明的学生南大吉做绍兴知府的时候，曾向王阳明请教解惑："我做官一定犯过很多错误，您为什么从来没有提醒过我？"王阳明就问："你犯过什么错呢？"南大吉就把自己的错误一一列举了出来。王阳明认真听完，答道："其实这些我都提醒过你啊！"南大吉很吃惊："老师您可能记错了，这些您真的没有提醒过我。"

王阳明问："如果我没有提醒过，那你怎么知道自己犯了错呢？"

南大吉答："都是良知告诉我的。"

王阳明继续问道："我不是经常在讲良知吗？"

南大吉听了会心一笑。

过了一段时间，南大吉又觉得自己犯了很多错误，对王阳明说："与其等我犯了错误再悔改，不如老师您见我要犯错的时候就提醒一下，如何？"王阳明回答："自我反省的效果远远好于别人的劝告。"南大吉觉得很有道理。

又过了一段时间，南大吉发现自己好像犯了更多的错误，再次去问王阳明："做错了事，改正还比较容易，但心里出现错误，不知道该如何改正呢？"王阳明开导他："心就像镜子，没有打磨和清洗的时候容易沾惹灰尘。要是这面镜子明亮起来，哪怕只飘来一粒尘埃，也很难粘在这光洁的镜面上。这是彻底塑造新的自我（成圣）的关键，你要继续努力。"

这段王阳明和学生的对话，包含了两种不同从"心上改"的方法：一种方法，不断找出错误、不断改正；另一种方法，彻底让自己的心清净下来，清净的心不会去做坏事，不会去做不应该做的事，也就不存在改正还是不改正的事了。当心清净了，你就可以随心而动，听从自己的直觉，正如乔布斯说的那样：你应该追随自己的内心。

这种从"心上改"的说法，可以追溯到《坛经》。在《坛经》里，神秀和惠能各有两首偈，表达他们对佛学修行的看法。神秀作的偈是：

身是菩提树，
心如明镜台。

时时勤拂拭，
莫使惹尘埃。

大意是人的身体像菩提树，心就像明镜，只有不断清洁，身体这棵菩提树才不会沾上灰尘，才会有智慧，心这面明镜才会时时明亮，照见真相。但惠能写了一首偈回应：

菩提本无树，
明镜亦非台。
本来无一物，
何处惹尘埃。

大意是如果你回到本来的样子，智慧不依赖身体而存在，一直就在那里，明镜也不需要一个什么台，一直就很清净地在那里，本来缘起性空，哪有什么尘埃呢？

神秀的方法很像从事上改，惠能的方法很像从心上改。如果要彻底弄明白"心上改"，佛经有一个故事值得我们反复品味。佛陀有一次经过克沙仆塔村，那里住着的迦罗摩族人感到很迷茫和苦闷，因此每当有苦行僧或婆罗门教的教士经过时，他们都会去寻求思想上的启蒙。但这些苦行僧和教士只会宣讲自己的法多么厉害，多么有道理，别人的法多么糟糕，村民们听得越多，困惑越多。当他们询问佛陀的时候，佛陀却展现出了一种完全不同的风格。佛陀首先很谦虚，说自己没有办法给他们答案，随后进一步指出迦罗摩族人的问题所在——他们迷信权威，总想从别人那里得到一个答案。最后，佛陀告诉他们安静下来，观照自己的内心，就会发现答案早就在了。迦罗摩族人不相信，佛陀就问他们：平时我们生活中会不会总是想得到更多？有了这个，还要那个，没完没了？迦罗摩族人想了一下，觉得确实如此。佛陀又问：当我们想得到更多，而现实满足不了时，我们会怎么样？迦罗摩族人又想了一下，回答：会不高兴，还会愤怒，觉得这个世界和自己过不去。佛陀又问：当我们在发火或者不高兴的时候，会不会看不到使我们愉快的东西？会不会对周围的事物看得不太清楚？迦罗摩族人想了一下，说：真的是这样。佛陀就说：其实你们已经知道贪、嗔、痴的作用了，不贪、不嗔、不痴就是根本的答案。

在王阳明看来，只要找到了良知，其他的问题就迎刃而解了；佛陀更进一步，从终极层面讲清了生命的根本问题，就是把我们心性层面的贪、嗔、痴解决掉，就会觉醒、觉知、觉悟。所谓贪、嗔、痴的问题，在我看来就是欲望、情绪、观念的问题。如果我们想彻底重新塑造自己，就要清理自己的欲望，弄明白自己真正想要的是什么；要清理自己的情绪，转变自己对外界的反应机制；更要清理自己的观念，转变自己的各种偏见，把观念还原为事实。

如果我们在心性层面做到了不贪、不嗔、不痴，那么按照袁了凡的总结，我们的心就不会起妄念，也就不会犯错误，也就没有必要挨个去寻求戒除不良行为的方法。但问题在于我们都是凡夫俗子，不一定能像惠能、王阳明那样，一下子就从心性层面彻底解决问题，所以还是要学会想清楚道理之后再去改正错误。如果连想清楚道理都做不到，就应该针对具体的事情加以改正。总之，只要找对方向，开始改变，最后总会达到心性的改变，从而建立新的自我。

第三章
积善之方

12. 信善缘：相信善的力量，一生才会平安

想要立命，一定要相信善良。

前面讲"心上改"，为什么要从心性上改？我们从袁了凡分析到王阳明，再到《六祖坛经》、佛陀的修心法则，可知过失都来自内心，因而要从心灵上下功夫，如同斩断毒树，一定要直接砍掉它的根，只是剪掉它的枝条和叶子，并不能从根本上解决问题。从心性上改，最简单的就是一心培植良善的心念，一心去做善良的事情，每时每刻显现的都是正念，那么邪恶的、不当的念头就不会来找你，就像太阳高高挂在天上，那些鬼鬼祟祟的东西就全部消失了。这是专注于正念的精要。

一心培植善良的心念、一心去做善良的事情，首先就要"信善缘"，要相信善良，信仰善良。袁了凡用了《易经》里的一句话"积善之家，必有余庆"，意思是积累善行的家族，一定会有平安顺利的传承。在早期儒家的语境里，积善的善，不完全是善良的善，也指人际关系的和谐。在我看来，善是一种信仰，是一种来自更高的指令和法则。人与人之间可以

有不同的观点、不同的宗教、不同的生活方式,但是必须遵循一个基本原则,即善的原则。

亚里士多德认为,只有通过实施善行和追求美德才能实现幸福和全面发展。在康德看来,人类必须按照普遍性原则行事,即行为规则应适用于所有人,不论他们的个人利益如何。按照这个逻辑,人们遵循善良的原则是因为这是道德理性的要求,而不是出于个人喜好或私利。

人类之所以把善作为基本原则,也在于对共同利益的维护。根据《社会契约论》,个体为了保护自身利益和维护社会秩序,必须放弃一部分个人权利和自由。环境科学也告诉我们,人类的生存和繁荣依赖于环境的平衡和可持续发展。为了能够维护人类的生存环境,人们必须尊重大自然,保护生态平衡。这意味着人们必须遵循善良的原则,以保护地球和自然资源,从而造福所有人类。

《格林童话》里有一个故事,讲三个女孩先后到林中为砍柴的父亲送饭,都迷了路,都遇到一户奇怪的人家——一个头发花白的老头,火炉边躺着三只动物:小母鸡、小公鸡、花斑奶牛。这个老头和三只小动物对三个女孩表示了同样的欢迎,说了同样的话,却因为一念之差,三个女孩有了两种不同的命运。

第一个女孩进了房间,说自己迷了路,请求在这里过一夜。老头就问:"美丽的小公鸡,美丽的小母鸡,还有你,美丽的小花牛,你们可乐意?"三只小动物回答:"嘟嘟嘟。"老头就说:"那好吧,你帮我们做顿饭吧。"女孩就去厨房做了饭,和老头一起吃。吃完后,她问:"我很困,睡觉的床铺在哪?"三只动物开了口:"你和他一块儿吃了,你和他一块儿喝了,你根本没有想到我们,现在你该自己去看过夜的地方了。"老头让她去楼上的小房间。当女孩沉沉睡去,老头打开地板上的一道暗门,把她推到了地窖里。

第二个女孩和第一个女孩的遭遇一模一样。

第三个女孩进了房间,也给老头做了饭,但当饭做好的那一刻,她突然想到:"那三只小动物还没有吃呢,我怎么能先吃呢?还是先给它们吃,我再吃吧。"于是,她先拿了麦穗和水喂给那三只小动物,等它们吃饱后,她才去和老头一起吃。吃完后,她也问道:"我可以休息了吗?"三只动物回答:"嘟嘟嘟,你和我们一块儿吃,你和我们一块儿喝,你把我们全都想到,我们祝你睡个好觉。"然后,女孩就去了楼上的小房间,很快就睡着了。当清晨的阳光照进窗口,女孩睁开眼睛,她发现世界完全变了——再也不是小房间,而是宽敞的大厅,像皇宫那样富丽堂皇;再也没有花白胡子的老头,而是一个英俊的年轻人。年轻人告诉她:"我其实是一个王子。有个女巫把我变成了老头,把我的三个仆人变成了小母鸡、小公鸡、奶牛。只有等一位好心肠的女孩找到我们,我们才能得救。昨天你的一个善念救了我们。"

《格林童话》里还有另一个故事,讲的是一个恶念如何毁了一个人。

有一个裁缝在树林里因为贪财杀了一个犹太人,抢了八个银毫子。犹太人临死前说:"明亮的太阳会揭露这件事。"

裁缝掩埋了犹太人,继续到处漫游。他在一座城市里帮一个师傅做工,结果师傅的女儿爱上了他,很快两人结婚,还生了孩子。有一天早晨,在裁缝喝咖啡的时候,阳光照到了咖啡杯上,反光映到墙上,形成了一个跳跃的光斑。光斑在墙上画出了一个圈,然后停下了。

裁缝忍不住说:"它很想揭露,却不能够。"他的妻子听到他自言自语,问他是怎么回事。他本打算绝不告诉妻子自己杀害犹太人的事,但经不住妻子的坚持追问,他还是讲出了自己的秘密。结果可想而知,妻子第二天就把这件事悄悄告诉了自己的教母。第三天,所有人都知道了裁缝杀了人。裁缝最终走上了法庭,被判了死刑。明亮的阳光终于揭露了这件事。

这两个童话故事揭示了善念和恶念的性质。善念,就是为别人考虑的念头;恶念,就是冒犯别人的念头。在这两个故事里,还宣扬了一种理念:善的念头会给我们带来好运,而恶的念头一定会带来灾难。换一种说法,就是善念让我们的内心平静,而恶念扰乱我们的内心。你也许会觉得童话不过是一种幼稚的说教。但在童话般的幼稚和简单里,往往蕴含着最深刻的规律。

美国圣母大学做过一项"诚实科学"的心理学实验,将72个成年人分为"诚实组"和"对照组",要求诚实组的36个人必须说真话,而对对照组的36个人不作任何要求。并且每天都要对这些人进行测谎以及身体检查。五个星期后，实验人员发现诚实组组员的身体状况变化较大，像喉疼、头疼、恶心等状况明显减少。而对照组组员的身体状况前后变化不大，有些症状还加重了。主持项目的阿尼达·凯里教授总结说："真诚、讲真话，确实能改变人的健康状况。"现代医学也已经发现：疾病和我们的心理状况有着深刻的关系。某种程度上，可以说很多疾病的源头在心性，我们的信念、价值观、行为方式深刻影响着我们的健康，以及我们的命运。

13. 真与假：不要把伪善当作善良

想要立命，一定要行善，但不要把伪善当作善良。

袁了凡讲到，有几个读书人，拜见中峰和尚，问道："佛家讲究善恶报应，如同影子跟随身体。但是，现今某某做了不少善事，他的子孙却并不兴旺；某某作了不少恶，却家族兴旺。佛讲的好像没有什么道理。"

中峰和尚回答："一般人陷于成见或偏见，还没有打开正知、正见的眼睛，往往会把善的当作恶的，把恶的当作善的。不去怪自己善恶不分，反而怪上天的报应不准确。"

大家听得有点云里雾里，问："怎么会把善恶弄反呢？"

中峰和尚就让大家举几个他们认为善的或恶的例子。

一个人说："骂人打人是恶，对人有敬爱有礼貌就是善。"

中峰和尚说："其实未必。"

又有一个人说："贪财、非法占有是恶，廉洁、坚持操守是善。"

中峰和尚说："其实也未必。"

其他人又举了很多例子，但中峰和尚都说未必。大家就让他解释为什么。中峰和尚说："有利于别人的，就是善；有利于自己的，就是恶。如果你能惠泽他人，那么骂人、打人也是善。如果是为了自己的私利，那么礼敬别人也是恶。"

中峰和尚讲清了衡量善恶的最重要标准：利己还是利他。至于其他的种种，都是外在的形式，但很多人以形式判断善恶，往往混淆了善恶。我们所谓的坏人，不过是对自己不好的人，而所谓的好人，又不过是对自己好的人。我们做善事，能帮助别人，就是出于公心，出于公心就是真诚。如果只想到自己的利益就是私心，出于私心就会伪善。发自内心地行善，就是真善，而模仿别人，做形式上的表演，就是伪善。

我们的私心，混淆了善恶，却以为好人没有好报，坏人没有恶报。不过，要完全做到利他并不容易。小说家金庸认为，名利、地位是绝大多数人都想争取的，包括他自己在内，因此他提出了一种道德判断：如果所作所为对大多数人有利而自己同时也能得到名利，那是上策；如果对大多数人无损且对自己有利，那也可以接受；但若为了一己私利而去损害大多数人的利益，那是不道德的。

有一个法师开讲座的时候，有人问他：为什么我做了那么多好事，但还是混得不好？法师就掏出五百元给他，说：你去帮我办一件事。那个人问：什么事？法师说：买一辆汽车。那个人就蒙了，说：五百元我怎么买汽车呢？然后，法师就重复了他的疑惑：是啊，你也知道五百元怎么能买汽车呢？法师的回答其实是说，假如我们做什么事，都是想交换其他利益的话，那你想得到什么就要付出相应的代价。如果你付出了五百元，却想要得到一辆汽车，那当然是不可能的。

所以做了好事还是不顺利，你就应该梳理一下是什么不顺利。当然，前提是要把什么是顺利、什么是不顺利界定清楚。如果不把这个基本点梳理清楚，只是泛泛而论，觉得做了很多努力还是不顺利，只会让自己陷入一种沮丧的情绪里，总觉得自己很委屈。这样于事无补，不如冷静地观察，是什么让自己觉得不顺利？自己到底做了什么？

还有一个更高的角度，就是善恶报应。对于那些非凡的人物，不如意的现实境遇好像是一种常态。子路问孔子："从前我就听老师讲过，做善事的人上天会降福，做坏事的人上天会降祸。如今您心怀仁义，坚持德行已经很长时间了，怎么处境还如此困顿呢？是老师的仁德不够，不能被人们信任，还是老师的智慧不够，不能被人们信服？"

孔子说："子路啊，你还是太年轻了，如果有仁德就一定会被人相信，那伯夷、叔齐就不会饿死在首阳山；如果有智慧就一定会被人任用，那比干就不会剖心了。忠心如果都有好下场，那关龙逢就不会被杀；忠言如果都能被听信，那伍子胥就不会被迫自杀。"

孔子后来还对子贡说："子贡啊，好的农夫庄稼种得好，但不一定就有好收成；好的工匠手工精巧，但不一定能让所有人都满意；君子树立自己的理念，依此创建政治主张，但不一定别人就会采纳。现在为求别人采纳，连自己的理念都不再坚持，这说明你的志向不远，思想不深啊。"

孔子的意思很清楚，君子应该只去做自己该做的，结果如何应该交给天命，没有必要去纠缠好人有没有好报的问题。好人在做好事的过程中，就已经得到了回报。另一个更深的意思是，善的回报不一定是世俗层面的荣华富贵。子路看到的是孔子当下的境遇，但在困顿中，孔子成就了伟大的心灵，他的家族也在后来几千年里备受尊重。

14. 端与曲：不要做老好人

想要立命，一定要行善，但不要把不讲原则当作善良。

袁了凡对行善也作了区分：一个人所具有的纯粹的社会责任感叫作"端"；有媚俗之心，总想讨好别人，叫作"曲"。这是在提醒大家不要把老好人的不讲原则当作善良。

"何谓端曲？今人见谨愿之士，类称为善而取之；圣人则宁取狂狷。至于谨愿之士，虽一乡皆好，而必以为德之贼。是世人之善恶，分明与圣人相反。推此一端，种种取舍，无有不谬。天地鬼神之福善祸淫，皆与圣人同是非，而不与世俗同取舍。凡欲积善，决不可徇耳目，惟从心源隐微处，默默洗涤。纯是济世之心，则为端；苟有一毫媚世之心，即为曲。纯是爱人之心，则为端；有一毫愤世之心，即为曲。纯是敬人之心，则为端；有一毫玩世之心，即为曲。皆当细辨。"

袁了凡这段话的依据来自孔子。孔子在《论语》中以三种人为例说明圣贤与世人对善的不同判断。在孔子看来，"乡原，德之贼也"，"乡愿"是最糟糕的，是道德的败坏者。王阳明说，"乡愿"在君子面前装作忠诚清廉，而在小人面前就会选择同流合污，换取和小人的"和谐"共处。那什么样的人算是"乡愿"呢？用现在话说，就是老好人、伪君子，看似谨慎、善良，对谁都不得罪，其实言行不一，极其虚伪，善于谄媚，有时甚至会助纣为虐。孔子认为，比起"乡愿"，狂士和狷士更胜一筹，假如无法做到君子的境界，那么狂狷之士也可以接受。是在没有君子的情况下的首选。"不得中行而与之，必也狂狷乎！狂者进取，狷者有所不为也。"狂士虽然个性张扬，有时会过于激进，但勇于进取，遇见不义之事定会直言不讳；狷士虽然有点孤僻，有时会选择袖手旁观而洁身自好，但绝不会选择与小人同流合污。

由此可见，圣人眼里的好人和一般人认为的好人不同。一般人看到一个表面老实的人，就很容易认为他是善良的人而肯定他，但这些所谓的好人很可能是没有原则的老好人，在圣人眼里这些人反而会败坏道德，远不如那些有个性又有原则的人。一般人对善恶的判断往往会受到自身利益的影响，很容易相信没有损害自己利益的人是善人；圣人则以天下为己任，对善恶的判断往往会站在更高处，所以一般人和圣人对善恶的判断才会天差地别。天地鬼神庇佑善人、报应恶人，都与圣人的标准相同，而和一般世俗人的见解全然不一样。

因此，凡是要行善积德，绝不可以只依赖自己的所见所闻，而应探寻至内心最隐秘、细微的地方，默默地省察自己的起心动念，并加以洗涤、净化。纯然的救世之心，那就是"端"；如果有一丝一毫的媚俗之心，那就是"曲"。纯然是爱人的心，那就是"端"；如果有一丝一毫的嫉愤之心，那就是"曲"。纯然是尊敬他人的心，那就是"端"；如果有一丝一毫的玩世之心，那就是"曲"。这些细微的区别，都应当仔细分辨。

德国哲学家汉娜·阿伦特提出了"平庸的恶"（banality

of evil）的概念。这个概念有点类似于孔子说的"乡愿"，两者都讲了社会里普遍的误解，把老好人当作好人，但老好人实际上正是恶的"同谋"。

阿伦特在研究德国纳粹的战争罪行时遇到了一个令她困惑的问题：纳粹的行为是如何变得如此邪恶和残忍的呢？她深入研究了在二战期间负责执行大屠杀的纳粹官员阿道夫·艾希曼，并在以色列对其审判的过程中进行了观察。阿伦特注意到，艾希曼并不是一个典型的邪恶分子，他也没有展现出强烈的憎恨或仇恨情绪。相反，他似乎是一个平凡的人，一个机械的执行者，只是按照指令执行他的职责。这个观察引发了阿伦特对"平庸的恶"这一概念的探讨。她认为，官员的纳粹邪恶行为并非源于异常的邪恶本性，而是来自平庸、普通的心态。这种心态使得这些官员能够将自己的责任推卸给上级，将自己的行为合理化为"只是遵从命令"。在他们眼中，所做的一切似乎只是在例行公事，忠实地履行自己的职责而已。

阿伦特认为，形成"平庸的恶"有两个关键因素。

第一，官僚体制和群体行为。纳粹政权建立了一个高度官僚化的体制，这种体制将责任分散到各个部门和个人，每个人只需要承担自己所负责范围内的职责。这种集体行为导致责任的模糊和推卸，个体的道德判断被削弱，他们逐渐失去了个人责任感。

第二，普通人的"思维惯性"。阿伦特指出，很多人在压力下或者面对道德困境时，往往选择遵循社会规范和权威的指示，而不去思考和质疑。在纳粹德国，普通人普遍接受了集体意识形态的洗礼，将领导者的命令视为绝对的真理。这种思维惯性使得平庸的恶能够在一个普通人的行为中扩散和蔓延。

"平庸的恶"引发了广泛的争议。一方面，有人批评阿伦特对纳粹过于宽容，认为她对这些邪恶的罪犯进行了过度的"解释"。另一方面，也有人认同她的观点，认为阿伦特并不是在为这些人开脱，而是试图深入探究罪行背后的根源。

但不管赞同还是反对，阿伦特"平庸的恶"的概念对于理解人类行为中的道德问题有着重要启示，在今天仍然有现实意义。它提醒我们，邪恶不一定来自个体的恶意，而可能是普通人在特定环境中受到体制、权威或集体思维的影响所产生的结果。这也提醒我们，我们每个人都有责任去质疑和思考，不应盲目遵从，不能轻易将自己的判断和责任推卸给他人。个人面对社会风气方面的恶习，即使没有勇气去反抗，也可以保持沉默，不要为了眼前的利益，牺牲自己内心的原则。阿伦特说，不需要什么激烈的社会运动，就可以改变这个社会。靠的是什么呢？是个人的良知。

这个说法，让我们想起王阳明。王阳明生不逢时，他生活的那个年代政治黑暗，社会风气堕落。他却倡导"致良知"，把希望寄托在个人的良知觉醒。王阳明一生，信奉"良知"，不管有多么危险，都去做自己应该做的事，他的良知告诉他这件事不对，即使孔子说这是对的，他也不会理会。他的学生问他：为什么老师您经常陷入绝境，却总能绝处逢生？王阳明回答：因为良知。王阳明的意思是，当他按照良知的指引去做事情的时候，是在听从天命，会得到上天的眷顾。

我有一个朋友，二十多年前在一家国企担任领导。那个时候腐败很严重，他身边的同事几乎都在行贿受贿。他内心觉得这样做不好，一直不肯参与其中，这自然会受到其他同事的排挤，在单位成了一个边缘人。周围的人都说他不会做人，劝他要合群，不要独来独往，但他还是坚持自己的做人原则。十多年前，企业的领导班子成员全部因为贪污进了监狱，只有他一个人平安无事。这样的事情并非个例。真正的善绝不会对周围的闲言碎语、恶风陋习屈服，内心深处的良知会指引我们做出最正确的选择。听从自己心底的善，终会迎来属于你自己的福报。

就算在地狱，就算在无尽的黑暗里，都要怀着对于光明的信念，要让自己成为光，去温暖别人，这就是善。就算所有人都相信魔鬼，只要有你一个人相信天使，天使仍会眷顾这个世界。如果你不再相信天使，那你就可能成为魔鬼；在黑暗里，如果你不相信光明，那你就只能在黑暗里沉沦。

15．阴与阳：不要自我炫耀

想要立命，悄悄做好事就好。

袁了凡区分了两种善："凡为善而人知之，则为阳善；为善而人不知，则为阴德。阴德，天报之；阳善，享世名。名，亦福也。名者，造物所忌。世之享盛名而实不副者，多有奇祸；人之无过咎而横被恶名者，子孙往往骤发。阴阳之际微矣哉！"

做了好事，特意四处宣扬，让别人知道，就是阳善；做了好事，不让别人知道，就是阴德。袁了凡鼓励我们积阴德，因为天地鬼神对我们的所作所为都了若指掌，只要我们做了善事就会一定得到上天的回报。做了善事特意让他人知晓，给自己带来了名望，自然也算是一种福报，但这种名声有时效性，且大举宣传换来的名利来路不正，必然会招来祸患。

"阴德"这个词，最早出现在《礼记·昏义》："天子听男教，后听女顺；天子理阳道，后治阴德；天子听外治，后听内治。"这句话把天子和皇后比喻为父母，天子和王后职责有点像男主外、女主内，因此"阴德"在这里指的是后宫之事。《周礼·春官·大宗伯》里有一句话："以天产作阴德，以中礼防之；以地产作阳德，以和乐防之。"这里的"阴德"，指的是男女之间那种隐而不露、相互亲爱的天性。

成书于西汉的《淮南子》中也出现了"阴德"，且有了新的含义："夫有阴德者，必有阳报；有阴行者，必有昭名。"那些在暗中积德的人，必然会得到公开的好报；那些暗地里施惠的人，也一定会获得显耀的名望。

如果你有心，会经常在生活中发现这两个现象：假如某人做了一件好事，被广泛宣传，就会引发各种议论，一传十，十传百，事件传到后来已变得面目全非；假如某人想达成一个目标，且急不可耐地告诉了大家，那他往往难以实现，反而是那些把自己想做的事悄悄藏在心里的人，能实现目标，等到大家都知道的时候，他的事情已经做成了。

这两个现象说明了一个奇妙的规律，舆论会让事情偏离正常发展的轨道。这大概是为什么要积阴德的理由之一。不留名的善举给予了行善者更大的自由，他们可以自由选择适合他们价值观的善举，而不受他人的期望或评判影响。这种自由使他们更容易去追求一些被社会忽视但真正有意义的事情。所以，行善没有必要让人知道，更不应该去炫耀，就像基督教《马太福音》中的"耶稣训诲"说："所以，你在施舍的时候，不要在你前面吹号，像那些假冒为善的人，在会堂里和街道上所行的，故意要得人的荣耀。"

佛教里有"福德"和"功德"的说法。禅宗里有一个关于梁武帝和达摩的著名故事，讲的就是福德和功德的区别。南朝的梁武帝，是很虔诚的佛教徒，把佛教定为国教，盖了近三千座寺庙，四次舍身出家，严格遵守佛教的戒律：吃素、不近女色、生活俭朴。但他的生活好像还是不太幸福。所以，当达摩来到中国的时候，他邀请达摩到南京的皇宫暂住。一见面梁武帝就问达摩："我做皇帝以来，造了几千座寺庙、抄写了无数遍佛经、供养了无数僧尼，有什么功德呢？"

没想到达摩回答："没有什么功德。"

梁武帝非常失望，不甘心地追问："为什么呢？"

达摩答："你这样刻意做好事求回报，当然也会有回报，只是这种回报还在六道轮回之中，仍是虚幻的，并不是真正的解脱，也不是真正的功德。"

六祖惠能评论这件事，说达摩讲的没有错，是梁武帝没有真正觉悟。惠能解释说："造寺、布施、供养，只是培植福气，不能将培植福气当作功德。功德在于佛性，不在于福田，而是要从自己的佛性上产生功德。如果自己的思想还是虚妄的，那么，你就不可能有真正的功德。每时每刻超越分别相自然地活着，就会有很大的德。行为上总是恭敬，自己修炼身体，即为功，自己修炼心灵，即为德。功德来自自己的心性，与福德并不相同。是梁武帝对于佛法没有正确的理解，而非达摩祖师有什么错。"

做好事不留名，还是表面的，做好事不求回报才是根本。也就是说，以清净的心去行善，才是最重要的。判断是否是真正的行善只有一个标准，就是是否发自内心。行善，是人性的自然流露，并不是一件特别值得去张扬的事情。所谓积阴德，就是将行善融入平常的生活方式中。看到路上的垃圾，随手捡起来放到垃圾桶；听到别人在议论某人的八卦，不参与，甚至还会为某人澄清一些事实；每天挤地铁或公交车去上班时，会给有需要的人让座……这些很小的事情都是在积阴德。美国企业家古铁雷斯说："一个人的命运，并不一定只取决于某一次大的行动，我认为，更多的时候，取决于他在日常生活中的一件小小的善举。"

16. 是与非：有些好事做不得

想要立命，有些好事做不得。

为什么有些好事不能做？袁了凡说，做好事本身也有一个是与非的判断。袁了凡以子贡、子路二人行善的事情为例，点明了行善的是非标准。

鲁国遭遇战争，妇女多被俘虏到别的国家沦为侍妾。后来，鲁国发布了一个奖赏政策，凡是能够把鲁国的妇女从别的国家赎回来的人，就能得到奖励。子贡非常善于经商，他利用自身的优势成功地赎回了一批鲁国妇女，却拒绝了奖赏。一时间人人都在称赞子贡廉洁。孔子听说以后，却很不高兴，说："子贡做得不对啊。圣贤做什么事，都是为了改变不良的风俗，对老百姓产生教化，并不只是为了满足自己。现在鲁国富人少而穷人多，如果其他赎回俘虏的人领了赏金被指责为不够清廉，那谁还愿意去赎人呢？我很担心以后不再有人愿意赎人了。"

子路以勇敢著称，有一天他经过水边，救了一个溺水的人。溺水者为了报恩，送了一头牛给子路，子路二话不说就接受了。孔子知道后高兴地说："从此以后，鲁国就会有更多的人愿意救人于水火之中了。"

这两个关于孔子的故事，都来自一本叫《吕氏春秋》的书。该书是战国时代吕不韦和他的门客编撰的一本文集。书编完后，吕不韦把它挂在城墙上，征求修改意见，扬言改正一个字，给一千金。成语"一字千金"就是这样来的。还有一个成语叫"奇货可居"，也和吕不韦有关。吕不韦是一个商人，当时秦国的君主正是秦昭王，他有一个叫作异人的孙子正作为人质居住在赵国。吕不韦去邯郸做生意，认识了异人，回家对父亲说："异人就像一件奇货，可以囤积起来，等待高价出售。"这就叫作"奇货可居"，将稀缺的东西拿在自己手里放着，时机到了就可以卖出去。吕不韦的逻辑是，培养一个国君，获利是无法计算的。于是，他就决定在异人身上投资，创造一切条件让他成为秦国的国君，也就是秦庄襄王。异人即位后，吕不韦被任命为丞相，成为商人从政的典范。

这让我想起另一个人——范蠡。他生活的年代比吕不韦更早，也是一个大商人，但他和吕不韦相反，是由从政转向从商。范蠡是楚国人，他和县令文种觉得在楚国没有什么前途，就一起跑到了越国，成为勾践手下的两员干将，帮助勾践灭了吴国。在实现了这样伟大的功绩之后，范蠡提出辞职，勾践很愕然，也不太高兴，于是半诱惑半威胁地说："你好好听我的话，我和你共同治理这个国家，如果不听，不仅你自己会死，你的妻子儿女也难逃一死。"没想到范蠡回答："作为臣子，我已经听到君王您的命令了，请您尽管执行您的命令，但我一定要按照我自己的想法去做。"范蠡就这样离开了越国。不久他给文种写了一封信，解释了他为什么那么坚决。范蠡在信中说："鸟儿打尽了，弓箭就会藏起来；兔子死了，猎狗就会被人烹食。勾践的脖子很长，嘴像鹰嘴，这种人只可共患难，不能共享乐，你还是尽快离开他吧。"

"蜚鸟尽，良弓藏；狡兔死，走狗烹。"这句比喻非常了不起，把以权力为核心的人际关系完全看透了。在以权力为核心的人际关系里，相对于更大的权力，你永远不过是一个工具。如果你不懂得进退，就会惹来杀身之祸。所以，苏东坡对于范蠡有一个评价："春秋以来，用舍进退未有如蠡之全者。"但范蠡的厉害，在我看来，不仅仅是看透了权力关系中"个人"的处境是什么，更在于他退出权力关系以后，并没有归隐田园、安贫乐道，而是去经商，成了富冠天下的大富豪，是中国的"商父"、商业的开创者。

关于范蠡在商业上的成就，吴晓波在《浩荡两千年》里有这样一个评价："经济周期是现代经济学中的名词，治国与为商之道一样，关键在于认识周期，同时善于运用周期，在这方面，范蠡无疑是一位世界级的先觉者……范蠡能够以长期循环波动的眼光看待工商经济，无疑已是非常卓越——在古今中外的商业世界里，几乎所有大成功者都是对周期有杰出认识和运用的人，其中包括宏观经济周期、产业周期和企业生命周期……"

由范蠡，我想到另外两个人物，伍子胥和屈原。伍子胥的父亲伍奢是楚平王的大臣，还是太子的老师。有一个叫费无忌的大臣对楚平王说："伍奢和他的两个孩子都很有才华，对陛下您是一种隐患。"仅仅因为他们很有才华，就要被杀掉。

皇帝专制的政体，或者说，一切以权力为核心的政体都有这样的特点，有才华的人都被看作是隐患。因为权力是"夺来"的，所以总是害怕更聪明的人把权力夺走。简单说你不能"功高盖主"，不能比比你权力大的人更有才华。

楚平王一听费无忌的话，就决定要杀伍子胥父子。但伍子胥逃跑了，不仅逃跑了，还发誓要报仇。后来的故事大家都很熟悉，他到了吴国，帮助太子光，也就是吴王阖闾，取得国君的位置，并帮助他灭了楚国，还把楚平王的尸体从坟墓里挖出来鞭尸。

后来，阖闾的儿子夫差即位，伍子胥又帮助夫差打败了越国。但夫差的表现越来越让伍子胥感到不安。出使齐国时，他把自己的儿子托付给了齐国的一位朋友，他对儿子说没有必要跟着吴国一起灭亡。这件事正好被大臣伯嚭知道了，他立刻报告夫差伍子胥里通外国，夫差就给了伍子胥一把剑，让他自杀。据说，伍子胥死的时候，让人挖出他的眼睛放在苏州城墙上，说他要亲眼看着吴国灭亡。

伍子胥可以说是被伯嚭所害。这个伯嚭也是楚国人，父亲也是因为费无忌而被楚王杀害，逃出楚国后投奔了伍子胥。当时吴国有一个大臣觉得伯嚭这个人靠不住，但伍子胥认为他的经历和自己一样，都和楚王有血海深仇，应该是靠得住的人。但不想后来，越国的文种买通了伯嚭。这个真正里通外国的叛徒，以费无忌的手法，把伍子胥打成了里通外国的叛徒。

伍子胥这个人在历史上有不同的评价。对他批评比较多的是，作为臣子，他不应该复仇，即使复仇了，也不应该挖坟鞭尸。苏东坡却为他辩护："父不受诛，子复仇，礼也。生则斩首，死则鞭尸，发其至痛，无所择也。"儿子为父亲报仇，在苏东坡看来，就是"礼"，是必须的。

伍子胥是在范蠡之前，而屈原是在范蠡之后。屈原出身楚国的贵族，得到怀王的重用，一直忠心于怀王和楚国的事业。不幸的是，像所有君王一样，楚怀王身边总是有阿谀奉承的人，他们总是容易得到君王的信任。屈原遭到了流放，最后对楚国绝望，跳进了汨罗江。苏东坡年轻时经过长江，写过一篇《屈原塔》，还写过一篇关于屈原的赋，他对于屈原的评价是："吾文终其身企慕而不能及万一者，惟屈子一人耳。"

为什么从袁了凡举的两个故事，聊到吕不韦，又从吕不韦聊到伍子胥、范蠡、屈原？因为《了凡四训》是一本聊富贵和命运的书，这几个人在战国后期的时代风云里，做出了不一样的选择，造就了自己不同的命运，特别值得我们玩味。尤其是范蠡这个人，虽然生活在遥远的古代，却有不少现代精神。至于吕不韦，我认为最不可取，为什么呢？他做事的态度是典型的成功学，没有道德原则，只求成功，不择手段，虽然也获得了世俗的成功，却并没有好的结局。

回到袁了凡举的两个故事。其实重点不在于对错，而在于效果。从伦理学上来说，道德原则要有实践性，要顾及现实的情况，这叫作道德原则的实践性。哲学家约翰·罗尔斯认为，过于理想化的原则可能会在普通的道德行为者那里产生承诺的压力。路易斯·波伊曼进一步解释:"要求更多的无私行为或许是值得称赞的,但是这样一些原则造成的后果可能是道德绝望、强烈或过度的道德内疚以及无效的行动。"因此大多数伦理学体系都会把人的局限性考虑在内。

世俗的看法,肯定认为子贡不要赏金的行为很高尚,而子路救了人接受酬谢有点庸俗。故事中孔子的看法却和世俗相反。我们讨论行善,不应该只是看行为本身,还要看这个善行是否会有弊端;不应该只看当前,还要看到长远;不应只看个人的得失,还要看对于天下大众的影响。当时的行为虽好,但它的流弊却足以害人,那么,虽然看起来是在做好事,其实却是在做坏事;当时的行为也许不是那么好,但它的影响却会为别人带来好处。通过这两个例子,袁了凡是要提醒我们,现实生活里,有些行为好像不够义气,其实却是义气;有些行为好像不合乎礼,其实却合乎礼;有些行为好像不讲信用,其实却合乎信用。标准是什么呢?要看对别人是不是有好的影响。

不过,袁了凡举的例子在逻辑上有漏洞。这里牵涉选择性和义务性的区别。行善是一种道德行为,分为两种,一种是选择性的,一种是义务性的。义务性的,意味着你必须这样做。选择性的,意味着你可以做也可以不做。赎回自己国家的妇女,是选择性的行为,是自愿的。你不去做,也没人说你,做了当然更好。何况,赎回妇女,自己是掏了钱的,加上政府又公开说要给予奖励,所以子贡放弃奖励是不合适的。就好像现在在同一个单位,加班是需要老板付加班工资的,但有一个人具有奉献精神,加班却不要加班工资,等于伤害了同事的利益。

一个小孩溺水了，道德原则要求我们必须去救，这是一种道德义务。如果不救，别人会觉得你有问题，你自己也会觉得于心不安。这是人内在的一种德性。所以，子路救小孩是一种道德义务，不接受一头牛的感谢更加合理、自然。当然，如果被救的一方一定要答谢，而救人的人接受了答谢，也没有什么大碍。

17. 偏与正：软弱不是善良

想要立命，一定不要把软弱当作善良。

袁了凡又说，行善要注意"偏正"："善者为正，恶者为偏，人皆知之。其以善心而行恶事者，正中偏也；以恶心而行善事者，偏中正也。不可不知也。"偏，有偏颇的意思；正，有全面的意思。做好事，不能偏于一端，而忘了全体；偏于一端，就容易好心办了坏事。袁了凡举了两个例子来说明这一点。

第一个例子。吕文懿辞了宰相之职后衣锦还乡，很受大家的尊重。有一次，一个喝醉了的同乡在吕家门口破口大骂，还乱砸东西，吕文懿并不生气，交代自己的仆人："不要和喝醉了的人计较。"关上家门再不理会。第二年，这个人犯了死罪，被送进了大牢。吕文懿后悔地说："如果当时我稍稍计较一下，把他送到官府追究一下他的责任，小小的惩罚恐怕就会让他引以为戒。我当时只想着自己心存厚道，没想到反而纵容了他的恶习，到了今天这个地步。"袁了凡认为这是好心办了坏事。

第二个例子。有一年闹饥荒，穷人大白天就在街上抢夺粮食。某富豪告状到县衙，县衙不予理会，穷人就更加肆无忌惮。富豪就私下找人，把抢粮食的人抓起来羞辱、责罚，终于平息了抢粮风潮。如果没有这个富豪的行动，那就会酿成很大的社会动乱。这是坏心办了好事。

袁了凡把善定义为"正",把恶定义为"偏",是有一定洞察力的。对于一件事情的道德判断,不能依靠一些教条,而是要衡量这一件事是不是顾及了全体,如果仅仅顾及某一面,那就是偏向于恶的。吕文懿出于厚道,不计较醉汉的行为把他放了,却没有想到这样是在纵容他,反而害了他。这是顾及了自己的发心以及名声,却没有顾及会给对方带来什么后果,所以这样的行为是善中带恶。富豪想干的事情本身是坏的,完全出于一己私利,但客观上带来了好的社会效应,所以这样的行为是恶中带善。

袁了凡讲这两个例子,是想说明动机和效果不一定一致。我们应该提醒自己,在行善的时候,要有整体的考量,仅有好心是远远不够的;有的时候看似恶的行为也未必会带来坏的结果。即所谓"好心会办坏事,坏心也能办好事"。

但细细推敲,这两个例子远没有那么简单。先说第二个例子。这个例子看上去简单,其实很复杂。饥荒时候,穷人在街上抢粮食显然不合法,但在道义上可以理解、值得同情。当一个社会在制度上对贫富分化缺乏合理的调节,就会出现激烈的贫富冲突,这个时候穷人和富人其实都是受害者。袁了凡举的这个例子,我觉得真正引起思考的,不是坏心办了好事,而是假如你是一个有钱人,在贫富冲突的社会里,你怎么自处?假如你是一个穷人,在贫富分化的社会里,你又会怎么自处?

第一个例子也不仅仅是"好心办了坏事"。我们常常误解了"以德报怨"和忍辱,因而,也常常把善良理解成软弱、怕事。但实际上真正的善良是有锋芒的,坦荡而无所畏惧。

孔子在和学生聊天时,学生问他:"以德报怨怎么样?"孔子反问了一句:"假如以德报怨,那么,我们又如何报答对自己有恩德的人?"然后下了一个结论:以直报怨,以德报德。孔子这个说法符合人情常理,好像没有什么问题。确实,假如我们以德报怨,那不就是恩怨不分了吗?所以,对于冒犯或伤害了我们的人,以正直来对待,不记仇,但该怎么样就怎么样;对于那些有恩于我的人,我就以恩情回报。

老子则提供了另一种角度。《道德经》:"为无为,事无事,味无味,大小多少,报怨以德。"老子和孔子最大的区别在于,孔子是在社会的框架里讨论问题,他所谓的德,指的是德性、品格;而老子认为在社会的框架里解决不了人类的问题,应该跳出人类的经验去领悟自然之道,而德就是道的体现。老子的道德完全不是伦理学意义上的,而是本体论意义上的,是至高无上的自然法则,是人的经验完全无法把握的本源性的法则。

老子讲的为无为、事无事、味无味,指的是以一种超然物外的心态,带着观照的态度去对待现实里的一切。无论大小多少,无论什么样的矛盾争斗,都能以"自然之道"去回应。

老子说的"报怨以德"是指不管别人对我怎么样,不管这个世界怎么样,我都不会受到他们的影响,都能保持宁静,以自然之道去观察人世百态,然后顺其自然,该怎么样就怎么样。

现实里的矛盾冲突有时很难在道德上泾渭分明,并不能用一个简单的教条去框定，而是需要用我们的心去判断。我们的心要做出合理的判断，就必须"清空"，必须把内心的一切人为的成见悬置，以高于人类经验的自然法则去回应人世间的一切骚扰。孔子的论述，是给我们一个确定的教条——你应该怎么做；而老子的说法给了我们一个方向，教我们跳出人类经验的一切成见，去观察、去回应现实社会的纷纷扰扰。

佛教讲忍辱，也是说面对外来的恶意、冒犯、伤害，要明白缘起性空的法则，内心完全不受它们的影响，保持宁静平和。在宁静平和中，我的内心会做出正确的判断，知道该怎么做。这样一来，你处理事情就不会固守于某种教条。任何一件事情，只把它看作是一件事情本身，不去附加其他东西，也就没有了执着。事情来了，不回避，不害怕，该怎么样就怎么样；事情过了，就放下了，好像风吹过，不留下一点痕迹。

通俗地说，老子也罢，佛教也罢，并不关心世间的法则是什么，更关心的是，高于世间法则的是什么；并不关心如何处理这件事，更关心的是我的心如何不受任何干扰。因为在他们看来，世间的法则都是不可靠的，按照世间的法则去处理，不管怎么处理，都是有遗憾的。

弄清楚了以德报怨的含义，回头再看吕文懿的例子，我们就可以从他的"好心也会办坏事"中进一步去领会：善良不是软弱，不是胆小怕事，而是一种强大的力量，它既来自严肃的道德原则，也来自神圣的自然法则。

18. 半与满：数量并不重要，重要的是诚意

想要立命，一定要有诚意。

袁了凡从半和满这个角度讲行善不能看数量，而要看诚意。我们先体会一下袁了凡引述的说法以及举的例子。袁了凡首先引述了《周易》里的一句话："善不积，不足以成名；恶不积，不足以灭身。"善没有积累到一定程度，就不可能成就你的名声；恶没有积累到一定程度，也不会造成杀身之祸。又引了《尚书》里的一句话："商罪贯盈，如贮物于器。"商朝的罪业经过几代的累积，多得就像是一串串铜钱，也像装满了物品的容器。这两句话都是在说善和恶产生的结果不是一下子就能看到的，而是慢慢积累起来的，所以平时不能因为善小而不为，不能因为恶小而为之。再进一步推论，这两句话背后的逻辑是：善恶的报应，是不知不觉之中发生的，所以我们要使觉察心、觉知，成为我们日常的功课。

引述了这两句话之后，袁了凡讲了两个例子。第一个例子，讲女子布施的故事。从前有一户人家的女子，想要布施却没有什么钱，拿出自己仅有的二文钱捐给了寺庙，庙里的住持亲自为她做了忏悔。后来这个女子进了王宫变得富贵，拿着几千两银子捐给庙里，住持却让他的徒弟代为回向。那个女子就问住持："从前我只捐两文，师父您亲自为我忏悔，现在我捐了几千两，师父却不为我做回向。这是为什么呢？"住持回答："从前你虽然只捐了两文，但布施的心十分真切，

非得老僧亲自为你忏悔,才能报答你的功德。现在你捐的财物虽然巨大,但布施的心却不如上次那么恳切了,所以我让徒弟代为忏悔就足够了。"这样看来,几千金只是一半的善,而二文却是完满的善。积善的功德大小,并不在于金钱数额的大小。

第二个例子,讲了吕洞宾的故事。钟离权传授炼丹术给吕洞宾,其中有一个绝技是"点铁成金",可以用来帮助别人。吕洞宾想得很深远,他问钟离权:"点铁成金后,会不会过了一段时间又变回铁?"钟离权回答:"五百年后才会变回铁。"吕洞宾立即说:"那这样不就会害了五百年后的人,我不能去做这样的事情。"钟离权赞许说:"修仙要积累三千件功德,你这一句话已经抵了三千件功德。"

两个例子的核心都是诚意。这个诚意除了诚恳以外,还有热切的程度。当那个贫困中的女子拿仅有的二文钱布施,她的虔诚是没有任何杂质的,是一种全然的相信。但当她富贵之后,拿了几千两银子布施,那种迫切已经不再,不过是一种锦上添花的行为。再看吕洞宾,如果你行善的时候充满诚意,行动前就会思虑得很周全。那么到底怎么样才能做到诚意?袁了凡讲了终极的方法:

"又为善而心不着善,则随所成就,皆得圆满;心着于善,虽终身勤励,止于半善而已。譬如以财济人,内不见己,外不见人,中不见所施之物,是谓三轮体空,是谓一心清净,则斗粟可以种无涯之福,一文可以消千劫之罪。倘此心未忘,虽黄金万镒,福不满也。此又一说也。"

做善事但心里一点也不想着自己是在做善事，那么不论做什么善事，都会得到圆满的结果。如果心里总觉得自己在做好事，即使你做得非常勤勉，也只是一半的善。譬如，我们拿财物帮助别人，如果我们能够做到向内看不到我们自己，向外看不到所帮助的人，向中间看不到所布施的财物，就是做到了"三轮体空"，也做到了"一心清净"。如此，一斗米就可以种下无限的福泽，一文钱就可以消弭一千劫所造的罪孽。如果我们做了善事，但心里总是放不下，总是想着要得到报答，哪怕施舍了万两黄金，还是不能得到圆满的福报。

袁了凡讲的这个意思，其实就是《金刚经》里讲的"应无所住而生其心"。只有做到了"应无所住而生其心"，才能自在无碍。从修行的角度，无非三种状态：第一种状态，本能的状态，就是一般人的样子，一天到晚很忙碌，一天到晚都在喜怒哀乐之中；第二种状态，要求自己按照善的道德原则和行为规范去生活，有自觉意识，自我约束；第三种状态，在一心向善的过程中，超越了善恶的概念，打开了心性，回到了本来面目，无论做什么，都自由自在。

《了凡四训》经常讲第二种状态，但时不时会有意无意地提醒我们，最高的境界是第三种状态——让心彻底清净，就可以心想事成。这里有一个思想脉络，特别值得我们留意，就是《金刚经》思想的中国化脉络。《金刚经》展现了一种心性觉悟的至高境界，讲了一个佛学里最重要的概念：觉。觉醒、觉知、觉悟，可以笼统地称之为觉性。一旦我们的觉性显现，我们的生命就会发生质的转化。六祖惠能的《坛经》其实是对《金刚经》的解读，他把觉性落实到了自性，也就是说，觉性不是一个外在于我们的遥远的东西，而是我们自己内在的核心，一旦我们回到自性，觉性自然就会浮现。

六祖之后的禅宗更进一步，把自性落实到吃饭睡觉、担水砍柴等日常生活里每一件琐碎细微的事情上。如果你安心于其间，都会感受到觉性。不管怎么演变，对于"应无所住而生其心"的强调是一以贯之的。惠能讲了"本来无一物，何处惹尘埃"。惟宽禅师解释说，心本来就很清净，为什么要去修炼呢？不管恶念、污垢的念头，还是善念、清净的念头，都没有必要刻意生起。白居易很奇怪，不起恶念很好理解，为什么连善念也没有必要生起呢？惟宽禅师说："心就像人的眼睛，什么东西都不能粘住，金子的碎屑虽然是珍宝，但粘住了眼睛，就会生病。"王阳明的《传习录》完全沿用了惟宽禅师的说法，他认为要致良知，就要正心，把心里的五种不正之念去掉。第一种是偏于恶的念头；第二种是"过度了"的念头——即使是善的，过度就不好，比如对父亲的孝顺，对子女的爱，过度了就不合适；第三种是只有利于自己，而对别人无益的念头；第四种是生死之念，就是怕死的念头；第五种是滞留在心中的任何念头。王阳明认为，任何念头都不要滞留在心体上，这就好比一点点灰尘都不能吹进眼睛里。再少的灰尘，都能让眼睛昏天暗地。就算是美好的念头，也不能滞留，就好像金子本身是很珍贵的，但一点点碎屑，就会让眼睛睁不开。

所以，王阳明一方面翻来覆去讲要知善知恶、要去恶扬善，另一方面又不断提醒我们心的本体无善无恶。相当于一方面你要遵循人世间的道德原则，可另一方面又要从上帝视角去看待这些原则，以空阔的、轻松的姿态，去做人世间的事情。《了凡四训》也是一样，反复在说要行善，但又不断提醒我们，"于持中不持，于不持中持""三轮体空"。一方面，反复在讲善有善报，恶有恶报，另一方面又细致地区分什么是真正的善，把我们引向心性的觉悟。

从《金刚经》到《了凡四训》，围绕"应无所住而生其心"而演绎出来的智慧，值得我们反复领悟，也只有反复领悟，才会明白其中的奥妙。

19．大与小：一念之差，也会影响你的命运

想要立命，要看顾好每一个念头。

一念之差，也会影响你的命运。袁了凡用了大和小来说明这个理念。他举了一个例子，说是有一个叫卫仲达的人在翰林院任职，有一次不知怎么回事，他的魂魄出了窍，到了阴曹地府，那里的判官根据记录簿对他进行审判。主管阴曹地府的阎王让他的手下记录了每个人在世间的善恶行为，每个人都有一本善行的册子和一本恶行的册子。卫仲达的魂魄一进地府，鬼吏就拿出了两本册子，他一生的善恶都明明白白地写在那里。关于卫仲达恶行的记录簿，堆满了庭院，数不胜数，而关于卫仲达善行的记录簿却只有一小卷轴，筷子般大小。但有意思的是，当拿秤去称的时候，恶行簿却比善行簿更轻。

卫仲达很疑惑，问阎王："我还不到四十岁，怎么会有那么多的过失和罪恶呢？"

阎王回答："如果起了不正当的念头，那就已经是犯下了罪过，不一定要真正付诸行动才是过错。一念之差，也是过错。"

卫仲达又问善行簿里记了些什么？阎王回答："朝廷曾经想大兴土木，修建三山石桥，你上疏劝阻，以免劳民伤财。你的奏疏草稿就在簿子里。"

卫仲达说："虽然我说了，但朝廷并没有采纳我的意见，

于事无补,想不到还有这样大的功德。"

阎王说:"朝廷虽然没有听从你的建议,但你的这个念头是为千千万万的老百姓着想。如果朝廷听从了你的建议,那么功德就更大了。"

这一段的重点当然是讲了念头的重要性。一个误解是,只要我没有现实的行为,只是在心里想一想就没有关系。但我们的每一个念头,实际上都在改变或者说在塑造我们的命运。实验心理学家艾伦·朗格做过一个实验:在一个修道院中,她精心搭建了一个"时空胶囊",将它布置得和20年前一模一样。她邀请了16位七八十岁的老人,随机分为8人一组,其中一组将在时空胶囊里生活一周。在这一周内,人们沉浸在1959年的环境里,听20世纪50年代的音乐,看50年代的电影和情景喜剧,读50年代的报纸和杂志,讨论美国第一次发射人造卫星等50年代的国际时事……他们需要像在20年前一样打理生活的一切,从起床、穿衣服到收拾碗筷以及走路。而另一组则是在完全相同的饮食作息条件下,用怀旧的方式回忆和谈论1959年发生的事。实验的结果是,两组老人的身体素质都有了明显改善。

实验前,他们几乎都需要家人陪着过来,老态龙钟、步履蹒跚。实验一周后,他们不仅视力、听力、记忆力都有了明显的提高,步伐、体力都有了明显改善。而"活"在20年前的老人们进步更加惊人,他们手脚更加敏捷,智力测验中得分更高。在看到他们实验前后对比的照片时,其他人直呼不敢相信自己的眼睛。

类似的实验还有不少。关于年龄和心理状态，很难有一个绝对的结论，但人们越来越发现，人的身体虽然无法抗拒衰老，但人的心念可以一直保持年轻的状态。如果随着身体的衰老，心态也开始衰老，那么身体衰老的速度会更快。反之，一直保持年轻的心态，会减缓身体的衰老。

关于心念的另一种研究，来自物理学。一些物理学家研究多重宇宙，但这些宇宙并不是我们传统认为的、某一个客观的存在，而是由意识产生的能量所形成。托比阿斯·胡阿特和马克斯·劳讷在《多重宇宙》一书里，提出了这样一个假设："在一个无限的宇宙中，就必定存在着无穷多的文明。在它们当中，也必定存在着我们各个年龄段的副本。即使有人死去，辽阔宇宙中的某个地方也会有他无穷多的副本，他们随身携带着昔日的相同记忆、相同回忆和相同经验，但继续生活着。如此这般，直至永远的未来。"每一个我们都"永恒"活着，所以当我们出现一个念头，比如想去杀一个人，那么在另外一个宇宙里的你很有可能就已经是个杀人犯了。

所以，我们应该看护好自己的每一个念头。念头里隐藏着你想象不到的力量。如果我们想改变什么，应该从改变自己的念头开始。一转念，你的人生会更好。

袁了凡讲述念头与命运之间的关系，借用了魂魄或鬼这样的概念。当然，关于鬼魂或者轮回是否存在，在科学上无法考证。那么，人类为什么会有鬼魂和轮回的想象和意识？在我看来，有三个原因。第一，摆脱对死亡的恐惧。死亡是不可知的，民间叫阴阳两隔，人死后去了哪里呢？死后的人完全沉默，没有任何信息回送给活着的人，也没有任何迹象显示死后的世界在哪里。鬼魂或轮回是人类借助意识，对这种不可知的回应。在回应中建立一种确定性。第二，关于鬼魂或轮回的叙事，更多的是一种信念，尤其是一种善有善报、恶有恶报的道德信念，当我们说起鬼魂或轮回，就像袁了凡在讲述的时候，并不在于鬼魂是不是真的，而在于善有善报是上天的一个规则。第三，在佛学里，轮回并不是主体的轮回，而是五蕴的轮回，生命在生死之间不断向外链接，不断形成新的组合，当我们说轮回是五蕴的轮回，着眼点在于心的解脱。

有人问王阳明："有人一到夜晚，就会怕鬼，怎么办？"王阳明回答："这种人平时不肯积德行善，内心有所不满足，所以会害怕。假如平时的行为合乎道义，坦荡光明，又有什么可怕的呢？"另外一个人表示疑惑："正直的鬼不可怕，但邪恶之鬼不理会人的善恶，难免还是会害怕。"王阳明回答："邪恶的鬼怎么可能迷惑正直的人呢？你害怕，说明你心里有邪念，心有邪念，就会被迷惑。并不是鬼迷惑了人，而是人被自己的心迷惑了。比如，人好色，就被色鬼迷惑了；贪财，就被财鬼迷惑了；不该怒而怒了，就被怒鬼迷惑了；不该惧怕而惧怕，就是被惧怕鬼迷惑了。"

显然，在王阳明看来，所谓的鬼只不过是我们自己心念的折射，如果你的心念是清净的，怎么可能有鬼呢？回到卫仲达的故事，袁了凡也只不过是借用了魂魄的概念，表达了王阳明的主张：心有邪念，就会被迷惑。

20. 难与易：越是难做的事，越应该去做

想要立命，就要去做难做的事。

袁了凡从难易的角度，讲了越是难做的事情，越要去做，越能改变我们的命运。"先儒谓：'克己须从难克处克将去。'夫子论为仁，亦曰：'先难。'必如江西舒翁，舍二年仅得之束脩，代偿官银，而全人夫妇。与邯郸张翁，舍十年所积之钱，代完赎银，而活人妻子。皆所谓难舍处能舍也。如镇江靳翁，虽年老无子，不忍以幼女为妾，而还之邻，此难忍处能忍也。故天降之福亦厚。凡有财有势者，其立德皆易，易而不为，是为自暴；贫贱作福皆难，难而能为，斯可贵耳。"

儒家先圣强调自我克制要从难以克制处下手。孔子论述如何"为仁"，也说要从难处开始。必须像江西那位舒先生，拿出两年教书挣得的钱，帮助别人偿还官府的田赋，使得一对夫妻不至于被拆散。又如邯郸的张老先生，拿出十年的积蓄，代人交还赎金，还救了别人的妻儿。这都是将难以割舍的东西施舍给别人。比如镇江的靳老先生，虽然年老无子，但还是不忍心纳幼女为妾，而将幼女送还。这些都是在难以忍耐的情况下却能够克制自己，上天必定会降给他们丰厚的福泽。有财有势的人，要想行善立德都很容易，容易而不去做，那是自暴自弃。贫贱的人要行善修福是很难的，很难而去做了，这就非常难能可贵了。

如果一个人做事总以"很难"作为借口，遇到难事就放弃，

那么他的一生就很难有什么改变。总觉得很难，觉得自己做不到，怎么办呢？没有什么办法，唯一的办法就是去做，不做怎么知道自己做不到呢？

很难，其实是我们不愿意去尝试，不愿意离开舒适区的一个借口。但我们一定要明白，真正能够使我们有所成就的事，一定是很难的。大的方面，如果你想创业，那一定是做了在常人看来很难做的事情才会成功。小的方面，我们想要身体健康，一定是每一天都在坚持一些好的生活习惯，比如跑步、清淡饮食等，而这些习惯的坚持都很难。如果你觉得很难，不愿意坚持，那眼前是舒服了，但后面更长的时间你的生命会承受痛苦。

活着，不是一件容易的事。凡是做自己想做的事，或者做应该做的事，都很难。因为它往往和社会惯性相冲突。我们要么很容易地按照社会的要求活下去，但又会觉得这不是自己想要的生活，没什么意思；要么按照自己想要的生活活下去，但必须克服重重困难。在我看来，个人的成长或者社会的进步，都是因为敢于不断去做那些难做的事。也许，真正困难的并非难以改变的现实，而是以困难为借口的不愿改变现实的心理惰性。

梅尔·吉布森的电影《钢锯岭》讲了一个普通人能做到的很难、很神性的事情，可以说，它真正告诉了我们信仰是什么。《钢锯岭》的主人公叫道斯，童年时的一次经历让他信奉《圣经》里"不得杀人"的诫条，并发誓终身不拿枪。道斯对于上帝的信仰，就这样凝聚在这么一个很小很小的细节上——不拿枪，不杀人，成为一个单纯的、信奉上帝的人。

道斯显示了一个真正有信仰的人所具有的特质：一定要让自己成为自己想要成为的人。就像王阳明说的，一个真正的人不应该把目标定为做什么官，而是要让自己成为你应该成为的那种人。每个人内心都有良知，只要激发内心的良知，每个人都可以成为圣人。信仰本就不是对别人的要求，而是对自己的要求。一个有信仰的人，不管社会怎么样，不管别人怎么对待自己，他都会坚定地按照自己的信仰去生活。

电影用了很长的时间，讲述了道斯如何坚持做一个不拿枪的士兵。在别人看来，这完全没有必要。他的女朋友也劝他：不就是认一个错吗？认个错就可以回家了。当然，在他的战友看来，你都已经决定上战场了，为什么还那么矫情坚持不拿枪？但道斯认为信仰就是坚持。信仰就是相信在人之外有更高的存在，相信人能够凭着信心和坚持不懈的行为得到救赎，不要求别人的善意，只要求自己把善意融入世界。不要求别人遵循什么，只要求自己不论在什么情况下都一定要遵循什么，没有任何借口。道斯实现了一个奇迹：他不拿枪奔赴前线，拯救了 75 个伤兵。更令人惊讶的是，这竟然改编自一个真实的故事。《钢锯岭》最后出现的真实人物照片、旁白非常震撼人心，借用一个评论家的话：几乎想象不出这样一个故事。

真正有信仰的人，把一生都当作自我完善的修行。哪怕再普通的人，也可以因为信仰而变得非凡。看起来很难做到的事，如果你坚定地去做，就一定能够做到。小到在日常生活里，做到早起早睡、清淡饮食，大到信仰层面。如果我们不为自己找借口，那么凡是你应该做的事其实都不难，只要你想做，就一定可以做到。

21. 与人为善：多一点谦让，多一点大度

想要立命，就要懂得与人为善。

《了凡四训》倡导信善的人生观，但善不是一个空洞的概念。因此袁了凡阐述了八个辨别善恶的标准，即上文提及的"真与假""端与曲""阴与阳""是与非""偏与正""半与满""大与小""难与易"，并将其归结于一"诚"字。袁了凡很快意识到仅阐述行善的原则还远远不够，如何帮助众人正确地行善事成了下一个需要解决的问题。因此在明确如何判断孰善孰恶之后，袁了凡又以人内心的良知为出发点，列举了种德之事的十大纲要：与人为善、爱敬存心、成人之美、劝人为善、救人危急、兴建大利、舍财作福、护持正法、敬重尊长、爱惜物命。

第一类就是与人为善。袁了凡以舜的例子来说明什么是与人为善。从前舜在雷泽，看见打鱼的人都选潭深鱼多的地方，而年老体弱的人只能在水流湍急的浅滩里捕鱼。舜看到后，非常不忍心，于是他也加入打鱼的大军中。但舜很奇怪，见有人争抢有利位置，就像没看到一样，不加任何评判；但见有人谦让有利位置，就立刻大肆宣扬，马上效法。过了一年，大家都互相谦让潭深鱼多的地方。试想，以舜的聪明智慧，难道不能靠言语来教导大家吗？他却选择以自己的行为来转变大家的思想，真是用心良苦。

舜是什么人呢？是远古时代的圣人，是孔子心目中完美君主的代表。因为舜是一位公认的贤者，尧禅位给舜；舜又效仿尧，也禅位给另一位贤者禹。这三代君主造就了千百年来中国人心中最美好的黄金时代。孔子称赞尧："大哉尧之为君也！巍巍乎！唯天为大，唯尧则之。荡荡乎！民无能名焉。巍巍乎！其有成功也；焕乎，其有文章！"真伟大啊！尧这样的君主。多么崇高啊！只有天最高大，只有尧才能效法天的高大。他的恩德多么广大啊，百姓们真不知道该用什么语言来表达对它的称赞。他的功绩多么崇高，他制定的礼仪制度多么光辉啊！

孔子又称赞舜："舜其大知也与！舜好问而好察迩言，隐恶而扬善，执其两端，用其中于民。其斯以为舜乎！"舜帝可算是一个拥有大智慧的人吧！他乐于向别人请教，而且喜欢探究浅近之语其中的深意。他能够包容别人的不足，善于赞扬别人的长处，在"过"与"不及"两个极端之间，用中庸之道去引导人民。这就是舜之所以成为舜的原因吧！又说："无为而治者，其舜也与？夫何为哉，恭己正南面而已矣。"大意是夸赞舜作为一个拥有最高权力的领导者，并不会依靠发号施令要求老百姓去做什么，而是一心修炼自己，做好自己，以自己的言传身教不知不觉中影响人民。

袁了凡延续了孔子对舜的评价，并把舜的品德提炼为与人为善，使得我们普通人也可以模仿、践行。第一，不要以自己的长处来掩盖别人的优点，不要以自己的善行去和别人相比较。第二，收敛才智，虚怀若谷，不要有侵略性，不要给周围的人造成压力，和人相处的最高境界，是别人和你在一起觉得如沐春风。第三，放下成见，积极发现别人值得学习的长处和值得记录的善行，哪怕这些长处和善行发生在细枝末节，哪怕这个人不为我所喜，也都应该积极向他们学习，并广为宣扬。第四，对别人要隐恶扬善，见到别人的过失，应当有所包涵，让他有改过的机会，也能够让他有所顾忌而不敢放纵。

第四点"隐恶扬善"千万不能理解为包庇别人的恶行，而是要在人际关系之中，多看到别人的优点，不要去过分放大别人的缺点。就像前文提及的吕文懿，一个醉汉砸他们家的门，违反了公共法规，就应该按规处理，既不能大而化之，轻易揭过，也不能咄咄逼人，到处宣扬，否则就是我们自己心存恶念了。

22．爱敬存心：多一点同情，多一点慈悲

想要立命，就要多一点同情，多一点慈悲。

什么叫爱敬存心？袁了凡讲君子和小人表面看没有什么明显的区别，但存心这一点很难骗人。确切地说，君子与小人的不同正在于善恶的不同、境界的不同。君子所拥有的敬人爱人之心是小人不具备的。

为什么对人要有爱敬心呢？因为人与人之间虽然有亲疏贵贱、智慧愚昧、贤能不肖的分别，但我们都是同胞，都是人类这个整体，万物一体，难道不应该相互敬爱吗？

一般人讲爱敬，觉得应该是敬爱圣贤。为什么还要爱敬普通人呢？袁了凡给出的理由是，圣贤的志向是想要世上的人都能各得其所。也就是说，圣贤爱众人，他们始终心系天下，因而爱敬众人就是爱敬圣贤，能和众人的心相通，也就能和圣贤的心相通。我们爱敬世间众生，使得人人生活安稳，就是代替圣贤使他们安稳。

袁了凡这里说的"爱敬"是儒家的重要概念，讲的是人与人之间相处的原则。《中庸》第十九章中孔子说："践其位，行其礼，奏其乐；敬其所尊，爱其所亲；事死如事生，事亡如事存，孝之至也。"各人站在排定的位置上，行使祭祀的礼节，奏起祭祀的音乐，对所应尊敬的祖先加以尊敬，对所应亲爱的祖先加以亲爱，奉侍死亡的祖先像他在世时一样，奉侍已

不存在了的祖先像他还存在时一样。这就是孝的最高标准。这里的爱敬,讲的是对自己祖先的态度。

孔子在《论语》里说:"道千乘之国,敬事而信,节用而爱人,使民以时。"治理拥有一千辆兵车的国家,应该恭敬地做事,讲究诚信,节省费用,爱护人民,用到人民的时候,要遵从农时,不要耽误了耕种、收获。这里的爱敬,讲的是一个国君应该具有的品德。

《论语》里还有一段,讲孔子的弟子司马牛感伤地说:"人皆有兄弟,我独亡!"孔子的另一个弟子子夏回答说:"商闻之矣:死生有命,富贵在天。君子敬而无失,与人恭而有礼。四海之内,皆兄弟也,君子何患乎无兄弟也?"子夏说:"我听说过:'死生由命运决定,富贵在于上天的安排。'君子认真谨慎地做事,尽量不要有什么过失,对人恭敬而有礼貌,四海之内的人,都会成为你的兄弟。君子何必担忧没有兄弟呢?"意思是只要做事认真,对人恭敬,那就能得到别人的友爱。

孟子用一段话把儒家的"爱敬"观作了一个归纳:"君子所以异于人者,以其存心也。君子以仁存心,以礼存心。仁者爱人,有礼者敬人。爱人者,人恒爱之;敬人者,人恒敬之。有人于此,其待我以横逆,则君子必自反也:我必不仁也,必无礼也,此物奚宜至哉?其自反而仁矣,自反而有礼矣,其横逆由是也,君子必自反也:我必不忠。自反而忠矣,其横逆由是也,君子曰:'此亦妄人也已矣。如此,则与禽兽奚择哉?于禽兽又何难焉?'是故君子有终身之忧,无一朝之患也。乃若所忧则有之：舜，人也；我，亦人也。舜为法于天下，可传于后世。我由未免为乡人也，是则可忧也。忧之如何？如舜而已矣。若夫君子所患则亡矣。非仁无为也，非礼无行也。如有一朝之患，则君子不患矣。"

君子与一般人不同的地方在于他内心所怀的念头不同。君子内心所怀的念头是仁，是礼。仁爱的人爱别人，礼让的人尊敬别人。爱别人的人，别人也会爱他；尊敬别人的人，别人也会尊敬他。假定这里有个人，他对我蛮横无理，那君子必定反躬自问：一定是因为我不仁无礼吧，不然他怎么会这样对我呢？如果反躬自问是仁、是礼，而那人仍然蛮横无理，君子必定再次反躬自问：一定是因为我不忠吧？如果反躬自问是忠，而那人仍然蛮横无理，君子就会说："这人不过是个狂人罢了。这样的人和禽兽有什么区别呢？而对禽兽又有什么可责难的呢？"所以君子有终身的忧虑，但没有一朝一夕的祸患。舜是人，我也是人；舜是天下的楷模，名声传于后世，可我却不过是一个普通人而已。这个才是值得忧虑的事。忧虑又怎么办呢？像舜那样作罢了——不做不仁爱之事，不行不合礼之事。即使有暂时的祸患来到，君子也不会感到忧患。

显然，《了凡四训》里袁了凡讲的爱敬存心正来源于孟子的这段话。这段话其实蕴含了五层意思。第一，对于别人要有爱敬之心，这样才能赢得别人的尊重和爱。第二，当我们被别人蛮横无理地对待，不要先责怪别人，而要先反思自己。第三，如果反思之后发现自己并没有做错，那对我无礼的人不过是一个疯子,疯子和禽兽没有什么区别,而对禽兽又怎么去责怪它呢?第四,一个君子因为存有爱敬之心,又时时自省,所以并不必为流言蜚语烦忧,只会忧虑自身与圣贤的差距。第五,这份忧虑将时刻提醒君子谨言慎行,凡行事均需符合仁义爱礼。

对别人要有爱和敬,用现在的话来说就是同情和共情。同情,就是关心别人;共情,就是站在别人的立场思考。18世纪英国的经济学家亚当·斯密在《道德情操论》里说:"无论人们会认为某人怎样自私,这个人的天赋中总是明显地存在着这样一些本性,这些本性使他关心别人的命运,把别人的幸福看成是自己的事情,虽然他除了看到别人幸福而感到高兴以外,一无所得。这种本性就是怜悯和同情,就是当我们看到或逼真地想象到他人的不幸遭遇时所产生的感情。我们常为他人的悲哀而感伤,这是显而易见的事实,不需要用什么实例来证明。……最大的恶棍,极其严重地违反社会法律的人,也不会丧失同情心。"

23. 成人之美：多一点成全，多一点宽容

想要立命，就要多一点成全，多一点宽容。

"成人之美"这个词语最初来源于《论语》。孔子说："君子成人之美，不成人之恶。"意思是君子通常会帮助别人实现他们的善愿，不会帮助别人实现恶愿。袁了凡根据孔子的意思，把成人之美具化为一块璞玉，如果把璞玉当作普通的石头用来投掷御敌，那它就与断砖烂瓦无异；如果把璞玉精心雕琢，那它就会成为圭璋一类贵重的玉器。这就是儒家所坚持的，虽然人性本善，但也需要后天的培养和引导，因此凡见到有人做善事，或其志向有可取之处，我们就应该极力成就他，或指导扶持，或称赞鼓励，或伸出援手。

根据这个意思，袁了凡又引申出一个看法：对异类的宽容也是成人之美。他说，人们一般不喜欢异类，而善良的人往往是异类。当然，不能反过来说，异类一定是善良的人。在袁了凡看来，一般社会里真正善良正直的人并不多，大多数人只是随大流，并没有什么主见。因而善良的人就会被看作异类而受到排斥，在世俗社会甚至难以立足。富有才华的人往往刚正不阿，不讲究世俗的礼仪，很容易受到指摘，也常常被看作异类。袁了凡是在提醒我们，成人之美不只是简单的相互帮助，相互成全，它还有更为重要的内涵——对于少数异类的宽容。

为什么善良的人会受到排斥？《乌合之众》这本书回答

了这个问题。法国社会心理学家古斯塔夫·勒庞在19世纪末写成了此书，针对大众心理和群体行为，提出了"群体心理"这一概念。勒庞将群体描述为"乌合之众"，这个词语源自拉丁语"multitudo"，意思是"一群人"。勒庞认为，当人们聚在一起形成群体时，他们的思想和行为会与个人时所做的决定有所不同，而且这种不同并不是有益的。在勒庞的笔下，乌合之众的特点主要有以下几个方面：

第一是情绪化。当人们聚集成群体时，他们的情绪往往会被放大，变得更加容易受到激发，更加冲动。勒庞认为，这是因为群体中的个体感到了一种归属感和安全感，因此更容易表现出自己的情绪和情感。"个人一旦成为群体的一员，他的所作所为就不会再承担责任，这时每个人都会暴露出自己不受到约束的一面。群体追求和相信的从来不是什么真相和理性，而是盲从、残忍、偏执和狂热，只知道简单而极端的感情。""人一到群体中，智商就严重降低，为了获得认同，个体愿意抛弃是非，用智商去换取那份让人备感安全的归属感。"

第二是容易受到暗示和感染。在群体中，人们更容易受到别人的影响，从而改变自己的观点和行为。勒庞认为，这是因为群体中的个体失去了一种自我意识和独立思考的能力，变得更加容易受到别人的暗示和感染。"我们始终有一种错觉，以为我们的感情源自我们自己的内心。其实未必，很多情况下，我们的情感来自群体对我们的评价。""群体只会干两种事——锦上添花或落井下石。"

第三是无意识行为。在群体中，人们往往会失去自我意识，变得更加倾向于无意识的行为。勒庞认为，这是因为群体中的个体感到了一种安全感，从而释放出一种本能的力量，这种力量往往会导致一些极端的行为和决策。"我们以为自己是理性的，我们以为自己的一举一动都是有其道理的。但事实上，我们的绝大多数日常行为，都是一些我们自己根本无法了解的隐蔽动机的结果。"

第四是极端化。在群体中，人们往往会变得更加极端。勒庞认为，这是因为群体中的个体感到了一种归属感和安全感，因此更容易表现出自己的极端观点和行为。这种极端化往往会导致一些不可预测的行为和决策。"孤立的个人很清楚，在孤身一人时，他不能焚烧宫殿或洗劫商店，即使受到这样做的诱惑，他也很容易抵制这种诱惑。但是在成为群体的一员时，他就会意识到人数赋予他的力量，这足以让他生出杀人劫掠的念头，并且会立刻屈从于这种诱惑。出乎预料的障碍会被狂暴地摧毁。人类的机体的确能够产生大量狂热的激情，因此可以说，愿望受阻的群体所形成的正常状态，也就是这种激愤状态。"

第五是缺乏理性思考。在群体中，人们往往会失去理性思考的能力。勒庞认为，这是因为群体中的个体更加容易受到情感的影响，从而忽视了自己的理性和逻辑思维能力。这种理性思考的缺乏往往会导致一些不合理的行为和决策。"群众从未渴求过真理，他们对不合口味的证据视而不见。假如谬误对他们有诱惑力，他们更愿意崇拜谬误。谁向他们提供幻觉，谁就可以轻易地成为他们的主人；谁摧毁他们的幻觉，谁就会成为他们的牺牲品。""群体盲从意识会淹没个体的理性，个体一旦将自己归入该群体，其原本独立的理性就会被群体的无知疯狂所淹没。""在群体之中，不存在理性的人。因为群体能够消灭个人的独立意识、独立的思考能力。事实上，早在他们的独立意识丧失之前，他们的思想与感情就已被群体所同化。为了不孤立，他们宁愿丧失判断是非善恶的标准。"在群体中，个人会有一种幻觉，觉得自己有强大的依靠，可以无所不能；同时又会产生"法不责众"的心态，觉得自己无论做什么，都不需要承担责任。这种心理自然会引发很多非理性的行为。

这是勒庞对于群体心理的基本描述。当然，群体并不一定像勒庞讲得那样满是负面影响，即使勒庞自己，也看到了群体的另一面："群体固然经常是犯罪群体，然而它也常常是英雄主义的群体。正是群体，而不是孤立的个人，会不顾一切地慷慨赴难，为一种教义或观念的凯旋提供了保证；会怀着赢得荣誉的热情赴汤蹈火……这种英雄主义毫无疑问有着无意识的成分，然而正是这种英雄主义创造了历史。"

但无论如何，对于我们个人而言，"乌合之众"是一个很好的提醒，时刻保持容人之心，意识到个体之间的差异，求同存异，才能时刻在群体中保有一份清醒。宽容，不仅仅是个人的一种美德，也是人类文明的一种表征。

房龙在《宽容》这部书里，引用了《不列颠百科全书》里对宽容的定义:"宽容来自拉丁文 tolerare,意思是忍受,容许别人有行动和判断的自由,耐心、毫无偏见地容忍与自己观点或传统观点的见解不一致的意见。"房龙在《宽容》里,从历史的角度探讨人类社会中宽容精神的形成和发展。这本书分为三十章,每一章都以一个特定的人物或历史事件为主题,如苏格拉底之死、宗教裁判所、十字军东征等,通过讲述这些人物和事件,揭示人类文明发展史中的宽容与不宽容。

在房龙看来,宽容的产生和扩大是与人类认知的发展密切相关的。随着人类对世界认知的深入,人们逐渐形成了不同的思想和信仰。由于信仰、道德、风俗等的不同,人类形成了不同的利益群体,每个群体都在偏执和固执所构成的壁垒森严的城堡里,抵御着外界的影响,而彼此间的不宽容放大了这份异己的恐惧。书中描绘了许多追求自由新知的人物,他们为了冲破这面由恐惧筑成的壁垒而殉身。这些人物包括古希腊哲学家苏格拉底、文艺复兴时期的科学家布鲁诺等。他们以自己的生命为代价,不断地挑战和冲击着各种不宽容。人类的历史几乎可以概括为:从不宽容走向宽容。

勒庞在《乌合之众》里说:"对历史而言,个人命运可能隐藏在很小的一个小数点里,但对个人而言,却是百分之一百的人生。"这句话讲出了社会环境对个人命运的巨大影响。所谓时代的一粒灰尘,落在个人身上就是一座山。但如果我们细细探究人类历史,就会发现,越是在不宽容的社会,个人越有无力感;越是在宽容的社会,个人越能把握自己的命运。这就是为什么我要从袁了凡的"成人之美"讲到勒庞的"乌合之众",讲到房龙的"宽容",这三者之间有着深刻的内在逻辑。不做乌合之众,要宽容,要成人之美。一个人的命运,和时代息息相关,和环境密不可分。一个人再强大,也不可能完全独善其身,怎么能够不成人之美呢?

24.劝人为善：如果劝人，总要劝人为善

想要立命，应该多劝人为善。

"劝人为善"好像与前面的"与人为善"相矛盾，其实不然。"与人为善"讲的是以自己的行为潜移默化影响别人，而"劝人为善"是直接告诉别人要做善事，似乎形迹露于外。袁了凡认为两者之间并不矛盾，如果对症下药，也会有奇特的效果。所以，不可以废除。

为什么要劝人为善呢？袁了凡答曰："生为人类，孰无良心？世路役役，最易没溺。"一个人在世俗生活中四处奔波钻营，便极容易沉溺于名利而失去良心，所以需要时刻被提醒。我们和别人相处时，也一定要尽力提醒对方，让他从迷惑、迷雾里看清真相。好像有人在长夜里沉睡，陷入梦境难以自拔时，我们要及时叫醒他；又好像有人陷于烦恼的纠缠时，我们给他一剂清凉，让他跳出烦恼的泥潭。这样的恩惠最为博大。但在运用这种方法的时候，我们要注意两点：第一，有的人我们可以和他交谈却不去和他交谈，这叫失人；第二，有的人我们不可以和他交谈却和他交谈，这叫失言。如果有了失人失言的情况，我们应该反省自己的智慧是不是还不够。

这是袁了凡讲的劝人为善的大概内容。我想再讨论一下他讲劝人为善的理由。袁了凡重复了一个基本看法，即人性本善。但既然人的本性是善的，那为什么还有很多人做坏事

呢？中国古代的话语体系里，对此最常见的解释就是，我们在世俗生活中过分追求名利而失去了本性。这是中国人劝人为善的基础逻辑。性本善，但实际生活中却是善恶并存，这就需要我们去挖掘、去维护本性中的善。一旦找回本性的善，你就能成就你自己。这是一个很简单的信念。

与这种信念有关的，是心态层面的解释。一个人做了坏事，就会心神不定，总是担心、害怕，人生之路就会变得越来越坎坷；而一个做了好事的人，就会心定宁静，不会对未发生之事过分害怕、担心，人生之路也就会变得越来越平坦。这是很简单的心理学依据。

美国心理学家斯蒂芬·平克最近出版了一部皇皇巨著《人性中的善良天使：暴力为什么会减少？》。这本书聚焦的不是个体的心理活动，而是把人类作为一个整体去观察。平克指出了一个显而易见但一般人都会忽略的事实：人类的历史是一部越来越非暴力的历史。他从暴力这个角度，考察了人性中的善良天使，如何一步步成为人类生活的主角。

平克认为人类历史发展呈现出六大趋势。第一个趋势是大约五千年前，人类用了将近一千年的时间，在狩猎、采集、种植的过程中，完成了从无政府状态向具有城市和政府的农耕文明的过渡。这一转变，把原来的暴力死亡下降了五分之一左右。平克用"平靖进程"（pacification process）来描述这个阶段。

第二个趋势是从中世纪晚期到20世纪，持续了大约五百多年。平克引用了法国社会学家诺贝特·埃利斯经典著作《文明的进程》里的论述，认为暴力的减少是因为分散的封建领地整合为具有中央集权和商业基础设施的大王国。平克用"文明的进程"来描述这个趋势，在这个趋势里，欧洲国家的凶杀率下降了90%~98%。

第三个趋势是"人道主义革命"，起点大约在17世纪和18世纪的理性时代和启蒙运动时期，跨越了几个世纪。在这个阶段，第一次出现了有组织的社会运动，推动废除那些已经被社会接受的暴力形式，比如专制、奴隶制、决斗、严刑逼供、虐待动物等，形成了和平主义的第一个高潮。

第四个趋势是二战结束后出现的"长期和平"趋势。二战之后的几十年，人类经历了史无前例的发展，超级大国和发达国家停止了彼此之间的战争。

第五个趋势是冷战结束后出现的"新和平"趋势。自从冷战结束后，包括内战、种族清洗、专制政府的镇压等在内的各种武力冲突在减少，虽然从媒体新闻上你感觉到好像在增加，但平克用了大量的数据证明这是一个错觉，事实上武力冲突在减少。

第六个趋势是"权利革命"，开始于1948年的《世界人权宣言》，人们对于较小规模的侵略行为越来越反感，这些行为包括对于少数族裔、妇女、儿童、同性恋的暴力和对动物的虐待。从20世纪50年代以来，发生接连的社会运动，涉及民权、女权、儿童权利、同性恋者权利、动物权利等。

梳理了六大趋势之后，平克发挥了心理学家的专业特长，又梳理出人类心中的五个心魔。第一个是"捕食或工具性暴力",第二个是"支配欲",第三个是"复仇心",第四个是"虐待狂",第五个是"意识形态"。这里的意识形态指的是一个共同的信仰体系,具有一种乌托邦式的幻想,为了追求无限的善,可以不择手段地使用暴力。

在五个心魔之外,还有四位善良天使。第一位是共情,特别是同情意义上的共情,让我们对他人的痛苦感同身受,并对他人的利益产生认同;第二位是自制,自我克制让我们能够预测冲动行事的后果,并相应地抑制冲动;第三位是道德感,将一套规则和戒律神圣化,用以约束和管治认同同一文化的群内关系;第四位是理性,让我们得以超脱有限的视角,思索我们的生活方式,追寻改善的途径,并引导我们天性中的其他几种美德。在论述四位善良天使时,平克还从基因变化的角度,探索人类近期的进化确实是趋向于减少暴力。

最后,平克结合心理学和历史学,找出了五种有利于人类和平动机和驱使暴力大幅度减少的外在力量。第一种是"利维坦",就是国家的力量,通过司法和权力系统控制武力的使用,可以化解掠夺性的攻击,抑制复仇的冲动,避免各方自以为是的自利式偏见。第二种是商业,是一个各方都可以是赢家的正和博弈,科技进步使得商品和思想可以跨越的距离越来越远,参与的人群越来越庞大,他人的生命也因此更有价值。第三种是女性主义,社会文化在越来越尊重女性的权益和价值的过程中,也会越来越非暴力。第四种是世界主义的力量,教育的普及,媒体的发达,使得人们可以跨越空间的限制，了解自己之外的广大世界。第五种是"理性的滚梯"，知识和理性在人类处理各种事务中的作用越来越重要，尤其是认识到暴力循环有害无益，克制私欲，反而有利于自己更长远的利益。

六大趋势、五个心魔、四位善良天使、五种外在力量，这是平克从人类历史角度分析善恶的演变，回答为什么人类的暴力会越来越少。平克把人性看作是不变的，人性中的善良天使是不变的，心魔也是不变的，变化的只是环境和时代。人们在变化的环境里，在善恶之间做出选择。平克的研究只是告诉我们，在漫长的人类历史长河里，人类的进化在整体上选择了"善"。作为个人，一旦融入人类的整体趋势，你的生命就会有更广阔的前景。所以一定要做一个善良的人，也一定要劝人为善。

25. 救人危急：如果帮人，总要帮人于危难

想要立命，见到危急中的人应该伸出援手。

什么叫救人危急？袁了凡的解释有两个要点。第一，不管什么人，都不可能一辈子顺风顺水，总有困顿挫折的时候。遇到困难中的人，应当想象自己也在痛苦中，赶快设法帮助他，或者陪他说说话，帮他舒缓心中的压抑，或者从其他方面救济他，来缓解他的困苦。第二，他引用了崔先生 [有人说这位崔先生是明代学者崔铣（1478—1541）] 的话：恩惠不在于大小，及时对那些处于急难之中的人伸出援手就可以了。

袁了凡的两个要点，可以从两个层面去理解。第一个层面，就是俗话说的，救急不救穷。这是帮助别人的一个原则。为什么呢？要帮助一个人改变贫穷的状况，不是简单地给他钱就可以的，正如老话所说的"授人以鱼不如授人以渔"。但如果一个人在危难之中，比如突然生病需要钱治疗，又比如突然在旅途中丢失了钱包需要钱买票回家等，如果条件允许，就应该及时去帮助他们渡过难关。传说战国时候，赵国的大臣赵盾看到一个叫灵辄的人快要饿死了，就给了他一碗饭吃。后来，灵辄当了晋灵公的卫士，当晋灵公要杀赵盾时，灵辄却出其不意地杀了晋灵公，救了赵盾。讲到为什么要救人于危难，这个故事常常被提到。

但在我看来，救人于危难，不在于有没有回报，而在于

人之所以为人的悲悯之心。人固然有"自私"的一面，但也有"利他"的一面，这都是人的本性。人不是单个的存在，而是群体的共同演进。每一个个体的行为都会直接或间接地影响到群体的发展，所谓一荣俱荣，一损俱损。有人随手扔掉烟头，受到危害的不仅是周围的人，还有周围的环境，而被污染的环境会影响到很多人。一些森林被砍伐，一些动物被掠杀，受影响的不仅是某个地区、某些人，而是整个地球的生态平衡，整个人类的生存环境。任何一个行为，哪怕最细微的行为，都会产生蝴蝶效应，牵涉到整体的存在。我们又有什么理由不对别人、不对整个生物界与自然界表示休戚与共的关切？

悲悯之心，立足点在人。但不要忘了，还有辽阔而深远的天。悲悯，不是哭哭啼啼的小伤感，不是要死要活的小纠缠，不是人与人之间的那点小温情，而是人与宇宙之间的大情怀，有悲哀，有怜悯，有同情，也有宽容与豁达。

看新闻，每天都在打仗，每天都有人死于暴力，每天都有自然灾害，每天都有人死于意外、车祸、家庭纠纷、抢劫，等等。到处都是困顿的人，到处都是烦恼的人。我们每天都能看到那些痛苦的面容，那些在生活的重压下弯下了腰的身影，那些因这因那而倒霉的命运。但因为那些并不是我们的亲人朋友，所以我们往往会视而不见，有时甚至还会有庆幸的念头，庆幸还好不是自己。冷漠就是这样慢慢累积的，每次看到别人的痛苦，都无动于衷，都觉得事不关己，慢慢就会习惯即使见到一个小孩掉在井里也不会去救。

如果在一个社会里，大家都觉得别人的痛苦不关自己的事，大家都把别人的不幸拿来作为自己侥幸幸福的参照，那这个社会会越来越冷漠。最终没有人能够在冷漠中幸免于难。细细观想一下这些不幸，如果发生在自己身上会怎么样？当我们见到别人哪怕是和我们无关的人受难时，我们的心也会变得柔软。只有这样，我们才会救人于危难。

自己不幸的时候，看看比自己更不幸的人，确实会有一种治愈。但是如果把更不幸的人，当作一个比较的对象，用来宽慰自己，甚至还庆幸自己没有更倒霉，那因为这样的比较带来的"治愈"，并不是真正的治愈，只是一次酒醉的自我麻痹，甚至还会埋下"恶业"。当我们看到比自己更不幸的人，只有心生愿望：愿自己努力去帮助他，让他摆脱不幸，唯有如此才会给别人更给自己带来无穷的力量。

26. 兴建大利：慈善背后的含义

想要立命，应该多多参与慈善和公益。

什么叫兴建大利？小到一乡之内，大到一县之内，或开渠导水；或筑堤防患；或修建桥梁，方便大家交通来往；或施舍茶饭，救济挨饿贫穷的人，等等。凡是有利于大众的，都应该去努力营建。只要有机会就劝导大家，一起协作兴修利民工程、从事利民事业，要不避嫌，要不怕人家说闲话，要任劳任怨。

这是袁了凡讲的兴建大利，相当于我们现在讲的慈善和公益。慈善是古代就有的概念。"慈"的意思是"爱"，上对下的爱，长辈对晚辈的关心爱护，地位高的人对社会底层的同情和爱护。"善"的意思是"美好"。慈善的英文"philanthropy"，源于古希腊语，本义为"人的爱"，大约从公元18世纪开始使用。还有一个词"charity"也是慈善的意思，这个词据说在公元前就已经出现，本义是"爱"。

"公益"是近代才出现的词语，相比慈善，更强调了对象的公共性，就像这个词的字面意义——公共利益，也更强调了组织性，即有组织地为公共利益服务。公益组织一般是不追求利润的社会组织，由政府或民间团体支持。据说，1909年清政府颁布的《城镇乡地方自治章程》里，第一次在中国出现"公益"这个词。

"慈善"和"公益"这两个词语的核心理念，是人与人之间的同情和爱。孔子和孟子说的一段话可以看作慈善和公益的思想基础。有一次，孔子让各位弟子聊聊自己的志向。子路说：我愿意把自己的车马衣服和朋友一起分享。颜渊说：我希望既不炫耀自己的长处，也不表白自己的功劳。子路就问孔子：老师您的志向是什么呢？孔子说："老者安之，朋友信之，少者怀之。"大意是让老年人可以安度晚年，让朋友之间相互信任，让年轻人得到关怀。孟子讲过一句很有名的话："老吾老，以及人之老；幼吾幼，以及人之幼。"赡养孝敬自己的长辈时，不应忘记其他与自己没有亲缘关系的老人；抚养教育自己的孩子时，不应忘记其他与自己没有血缘关系的小孩。

孔子和孟子的话，第一个层面强调了个人的社会责任感，每个人在完成本职工作后，还应该对别人有所担当，每一个个体都应该超越血缘关系去关心更多的人群。第二个层面强调了社会管理的目的，一个好的社会应该有良好的公共设施，让大多数人获得生活的便利；一个好的社会，应该照顾到弱势人群，有社会保障的机制，不让人挨饿挨冻；一个好的社会，是富有同情心、相互帮助的社会。

这两个层面突出了慈善和公益的一个特点——公共性。慈善的公共性延伸出慈善的另一个重要特点：当我们说慈善或公益，也就是袁了凡说的"兴建大利"，是在提醒那些拥有资源的人，不要忘了别人，不要忘了社会。当你拥有权力的时候，应该多多为民众的福祉着想；当你拥有财富的时候，要想到那些饥寒交迫的人；当你拥有影响力的时候，要想到用你的影响力让社会变得更好。

中国历史上一直有慈善的传统，政府会专门设立救济穷人、孤寡老人的机构，寺庙、道观这些民间组织有向穷人施舍的机制，等等。另外，中国历朝历代优秀的士大夫都很重视袁了凡说的"兴建大利"，每到一个地方为官，都会想方设法兴修水利、造桥铺路，等等。商人也是如此，获得财富之后，往往会以造桥修路回馈自己的家乡。

唐朝一代名相张九龄在家乡韶关赋闲期间，请求开凿大庾岭。他亲自担任开路主管，历经艰难，得以开通了一条南北要道，被称为古代的京广线，造福后代无数人。韩愈在潮州，短短七个月，驱赶鳄鱼、兴办教育、兴修水利、解放奴婢，改变了一座城市的命运，影响流传到现在。白居易在杭州做太守，修建了白公堤，解决了西湖的淤塞问题。苏东坡在杭州做知州，做了两件事，功德无量：一是建了苏堤，疏通西湖；二是创办了中国第一个公益性的官办医院"安乐坊"，专门为穷人提供医疗服务。后来他被贬到惠州，看到惠州府城和县城之间用来连通的浮桥已经破旧，不能走人，于是几经周折，请求官府支持，由他的一位道士朋友主持，自己还补贴了一笔钱，终于新造了一座浮桥，造福惠州人将近八百年。

北宋著名水利工程——福建木兰陂，它的完成离不开一位商人的努力。先是由长乐的女子和她的同乡捐钱兴建，但因水流太急而失败。神宗熙宁八年（公元1075年），侯官商人李宏再次捐钱启动这项水利工程，历时八年终于完成。各种古代文献里，类似的修桥修水利的商人还有很多。吴自牧在《梦粱录》中记载了南宋时代杭州凤凰山一带商人的慈善行为，"数中有好善积德者，多是恤孤念苦，敬老怜贫"，"或遇大雪，路无行径，长幼啼号，口无饮食，身无衣盖，冻饿于道者，富家沿门亲察其孤苦艰难，遇夜以碎金银或钱会插于门缝，以周其苦，俾侵晨展户得之，如自天降。或散以绵被絮袄与贫丐者，使暖其体。如此则饥寒得济，合家感戴无穷矣"。明清时代的大多数晋商在赚到钱后，都会为家乡修建学校、祠堂，遇到天灾或者闹饥荒，还会捐出粮食赈灾。

慈善不仅是一种道德行为，更是一种社会公益事业，它有助于促进社会公平、和谐和稳定。它的意义是多方面的。首先，慈善可以减轻社会负担。通过捐赠资金、物资或时间，慈善行为可以为那些无法自养或无法满足基本需求的人提供帮助，减轻了社会的负担。其次，慈善可以促进社会和谐。当人们共同参与慈善活动时，他们可以感受到彼此之间的联系和共同点，从而促进人与人之间的相互理解。最后，慈善还可以提高个人修养。参与慈善活动可以使人们更加关注他人的需要和感受，培养同情心、责任感和感恩心态，从而提升个人修养和人格魅力。

现代社会有成熟的公益组织，为普通人参与慈善、参与"兴建大利"提供了方便。旧物的利用就是有效的途径。东西用旧了就扔会造成浪费，其实可以捐赠给慈善机构，帮到那些有需要的人。也可以参加志愿者服务，到社区、敬老院或者灾区，贡献自己的力量。

袁了凡在"兴建大利"这段话的最后，讲了一句"勿避嫌疑，勿辞劳怨"。意思是做慈善不一定能得到很多人的认同，有时候会招来怀疑，甚至攻击。这让我想起了特蕾莎修女。这位出生于南斯拉夫的修女，一辈子没有离开印度的加尔各答，积极献身于帮助穷人的事业。她有自己坚守的信念："爱自己，爱他人，爱生命里一切需要爱的事物，不需要任何理由。哪怕生命微小到只是一根细小的灯芯，燃烧了，就能照亮自己，也能照亮他人。甚至，你还可以尝试去照亮一个世界。"

《德兰修女传》中写道："今日世界有这么多痛苦……当我在街上找到饥饿的人，我给他一盘米饭，一片面包，我已经满足。我已经排除那种饥饿。但是一个人被隔绝，感觉到不为人所要，不为人所爱，心里充满惊恐——那种伤害，是多么令人无法忍受……所以，让我们经常以微笑彼此相见，因为微笑是爱的开始，一旦我们能彼此自然地相爱，我们就会想做点事了。"

特蕾莎修女于1979年获得诺贝尔和平奖，该奖表彰她把一生献给了穷人、病人、孤独者、无家可归者和垂死临终者，表彰她以博爱的精神，让贫穷困苦的人感受到尊重和关爱。即使这样，还是有些质疑的声音，认为特蕾莎的慈善不过是让穷人认命，也有人批评她的救济机构存在着不专业的行为。这些争议至今仍然存在。特蕾莎修女有一首诗《无论如何》，大概是回应外界对她的质疑或批评：

人们常常是不讲道理
非理性，自我为中心的
无论如何，仍要原谅他们

如果你仁慈
人们可能控告你自私
有不可告人的动机
无论如何，仍要仁慈

如果你很成功
你将可能赢得一些不忠的
朋友和真诚的敌人
无论如何，仍要努力成功

如果你诚实且真诚
人们可能会欺骗你
无论如何，仍要诚实且真诚

你长年累月所创造的
别人可能一夜就毁坏它
无论如何，仍要创造

如果你过得平静而幸福
别人可能会妒忌

无论如何,仍要快乐

你今天所做的善事
常常会被忘记
无论如何,仍要行善

你给出最好的所有
还是永远都不足够
无论如何,仍要给予最好的

因为在最终的审判中
是你和上帝之间的事
无论如何,绝不会是你和他们之间的事

27. 舍财作福：要有得，必须要有舍

想要立命，一定要懂得有舍才有得。

什么叫舍财作福？袁了凡这样回答："释门万行，以布施为先。所谓布施者，只是'舍'之一字耳！达者内舍六根，外舍六尘，一切所有，无不舍者。苟非能然，先从财上布施。世人以衣食为命，故财为最重。吾从而舍之，内以破吾之悭，外以济人之急。始而勉强，终则泰然，最可以荡涤私情，祛除执吝。"

佛门的修行里，以布施为先。所谓布施，不过就是一个"舍"字而已。通达的人，向内，舍掉眼、耳、鼻、舌、身、意六根；向外，舍掉色、声、香、味、触、法六尘。如果一下子做不到这一层，可以先从布施财物做起。活在世上，衣食最为基本，所以大家把财物看得最为重要。如果我们把大家看得最为重要的东西看得不重要，随时可以舍出去，那么对内我们就可以破除吝啬之心，对外我们就可以救人于危急，从而洗涤自己的心灵，去除自己的执念。

袁了凡讲"舍财作福"，借用了佛教里布施的概念，并把布施的含义理解为舍。这个舍，又与放下相通，向内舍掉六根，向外舍掉六尘。有一个佛教故事，说的是有一个人两手拿着花去见佛陀。佛陀说："放下。"那个人把左手的花放下了。佛陀又说："放下。"那个人把右手的花也放下了。但佛陀还是说："放下。"那个人很奇怪，说："佛陀啊，

我已经全部放下了,两手空空了。"佛陀说:"我并不是让你放下花,而是放下六根、六尘、六识。"

放下六根、六尘、六识的意思是要放下各种执念,放下各种反应,心不受干扰,保持清净的状态。舍,不是简单地舍弃什么东西,而是从根本上舍弃执念。舍弃执念,可以从舍弃自己喜爱的东西开始,因而布施是六度的修行里的第一步。

"布施"这个词语并不是佛教传入后才出现的。《庄子》里曾引用了《诗经》里的一句诗:"生不布施,死何含珠为?"意思是说那些富贵人在世时候不布施给穷人,死了还含着宝珠,企求不朽。现在流传的《诗经》里已经看不到这句诗了。布施在佛学里的意义,和这句诗里的相似,简单地说,就是以慈悲心牺牲自己的利益去帮助别人。

布施有财布施、法布施、无畏布施。财布施,就是把自己的财物给予需要帮助的人。法布施,就是传播佛法。无畏布施,就是给人勇气,给人积极生活的力量。达摩在解释为什么要修行"布施"时说:"但为去垢,摄化众生,而不取相。"大意是修行布施能够去除我们内心污垢,又能帮助有情众生。最后一句"而不取相"非常重要,在布施时并不要强调自己在布施,要忘记施者与被施者的身份。

显而易见,布施这种行为首先把注意力从我们自己身上转移到别人身上。我们一辈子几乎都在"我要"这样一种意欲里推动着生命向前,我们看到的、关注的只是自己。甚至在日常的交往中，我们都很少安静地做一个聆听者，听听别人的悲欢。当我们在尝试布施的时候，首先就要学习把注意力关注到别人身上及别人的痛苦上。

有一个印度贵妇要捐一笔数额不小的资金给特蕾莎修女，特蕾莎修女没有接受，而是建议她每次买衣服的时候少买一件，把节省下来的钱捐出去。那个贵妇听从了特蕾莎修女的建议，果真每次买衣服的时候少买一件，每一次她都克服了对衣服的渴望，在对欲望的控制中，在行善的过程中，一种喜乐渐渐地像空气一样弥漫开来，成为生活的气息。

布施，确实是一个不断舍弃的过程，但更确切地说，布施是一个不断向外释放你的善意的过程。有一个人问佛陀："我为什么做什么事都不成功呢？"佛陀说："那是因为你没有学会给予别人。"那个人回答："我很穷，哪有什么东西可以给予别人呢？"

佛陀回答："并不是这样的。一个人即使没有钱，也可以给予别人七样东西。第一，和颜施，就是用微笑与别人相处；第二，言施，就是要对别人多说鼓励的话、安慰的话、称赞的话、谦让的话、温柔的话；第三，心施，就是要敞开心扉，对别人诚恳；第四，眼施，就是以善意的眼光去看别人；第五，身施，就是以行动去帮助别人；第六，座施，就是乘船坐车时，将自己的座位让给老弱妇孺；第七，房施，就是将自己空下来的房子提供出来，供别人来休息。"

布施还有一个非常重要的原则，就是《金刚经》里讲的，

"应无所住行于布施"。在原始佛经里,佛陀讲了三十三种不清净的布施,这些不清净的布施并不是真正的布施,比如以歪曲的心理、颠倒的见解、无纯净心所施的财物,即出于摆阔气而显摆自己,等等。总之,真正的布施是以慈悲心和平等心为出发点。

袁了凡看重的,是我们要透过布施这样的修行去领悟一个规律:有所舍才会有所得。你想要得到,必须要有所舍弃。要想得到安稳,往往意味着要舍弃自由;要想得到自由,往往意味着要舍弃安稳;想要成功,意味着要舍弃很多享受;想要享受,就要舍弃很多成功。这是关于有所舍才会有所得的第一个含义。第二个含义更微妙:你想要得到财富,就要舍弃对财富的执念;你想要成功,就要舍弃对成功的执念;你想要什么,就要舍弃对它的执念。

28. 护持正法：要有成，必须要有智慧

想要立命，要在心里恪守天理。

什么叫护持正法？袁了凡答曰："法者，万世生灵之眼目也！不有正法，何以参赞天地？何以裁成万物？何以脱尘离缚？何以经世出世？故凡见圣贤庙貌经书典籍，皆当敬重而修饬之。至于举扬正法，上报佛恩，尤当勉励。"

法，是万物生灵的眼目。没有正法，怎么去恭敬赞颂天地之大德呢？怎么使天地万物有序地化育成长呢？怎么挣脱世俗的束缚呢？怎么能够在入世与出世之间自在游走呢？所以，凡是见到供奉圣贤的庙宇以及经书典籍，都应当敬重而加以修缮保护。至于弘扬正法，报答佛祖的恩德，尤其应当勉励。

袁了凡说的这个"正法"显然不是人间的法，而是高于人类经验的法则、规律。一旦人护持了正法，就可以参与天地的造化，可以摆脱世俗的束缚，也可以在入世和出世之间自在游走。正法高于人类经验，不太好把握，该怎么办呢？袁了凡给出了一个简单的方法：见到供奉圣贤的庙宇要有所敬重，对于经书典籍要有所爱护，还要报答佛的恩德。

袁了凡所讲的护持正法，就是相信有一个高于人类社会的法则，并且奉持这个法则。一方面，我们活在人世间，不可避免要按人间的种种规则去生活；另一方面，我们之所以

存在，之所以来到这个宇宙，一定有更高的法则在背后运作，我们应该努力让自己融入这个更高的法则。

这个更高的法则又是什么呢？《因果经》说："欲知过去因者，见其现在果；欲知未来果者，见其现在因。"你想要知道过去做了什么，看你现在的状况就知道了，你想知道你的未来会怎么样，看你现在正在做什么就知道了。《涅槃经》说："善恶之报，如影随形，三世因果，循环不失。"善有善报，恶有恶报，就像影子一样跟随着，过去、现在、未来的因果，一点都不会有差错。《孟子》曰："莫非命也，顺受其正。是故知命者不立乎岩墙之下。尽其道而死者，正命也；桎梏死者，非正命也。"一切都是命运，顺应它就承受正常的命运。所以知道命运的人不会站在危险的墙下。尽力行道而死的人，所承受的是正常的命运；犯罪受刑而死的人，所承受的是非正常的命运。《易经》曰："积善之家，必有余庆，积不善之家，必有余殃。"修善积德的家庭，必然有更多的吉庆；作恶坏德的家庭，必然有更多的祸殃。

这四句话蕴含着一个共同的特点，即并没有什么外在的主宰左右着我们的命运，但又确实存在着一种命运法则。这条法则的第一核心是因果，有因就有果；第二是向善，善有善报，恶有恶报。儒家讲的天命其实也是因果法则。所以孟子会说，你顺应了天命，就是你真正的命运。天命的运作依据的是天理。什么是天理呢？危险的墙壁肯定要倒塌，这是天理，君子选择不站在危墙下，就是顺应天理；杀人放火肯定要受到惩罚，这是天理，君子选择不去做杀人放火的事情，就是顺应天理。你非要违背天理，就一定会遭遇相应的灾祸，而这些都并非你真正的命运。

稻盛和夫有一句名言："人只要坚持正确的为人之道，整个宇宙都会帮助你的。"其实，真正帮助你的是关于因果和善恶的宇宙法则。你只要顺应了这个宇宙法则，就是在护持正法，就能创造自己的美好命运。

有一个叫迈克·A.辛格的美国人，年轻时没有太多的想法，只想按部就班读完博士去大学当教授。据他自己说，有一天他突然听到了内心的声音，很巧的是马上又读到了一本禅宗的书，让他很受启发，很快他就改变了人生的方向，从计划做一个大学老师转而去过一种"静心"和灵性的生活。令他意外的是，这个转变和放下引发了他不可思议的一生：从森林隐居到创建大型的禅修社区，再到成功的建筑商，之后又设计出改变医务管理产业的套装软件，建立了市值十亿美元的上市公司。这一切在辛格看来都是自然发生、水到渠成的事情。因为这四十年来，他都在坚持一个叫作"臣服"的实验，臣服于宇宙法则，把自己交给正法。

辛格对臣服的解释是："臣服需要我有足够的勇敢的力量去追随无形、进入未知……臣服并不能让我清楚自己行走的方向，我也不知它将领我去向何方，但它确实让我认清了一件最基本的事，那就是我的个人好恶并不会引导我的生命。通过放弃那些强大力量对我的控制，我让一个更加强大的力量来指引我的生命，那就是生命本身。"

在《臣服实验》这本书里，辛格记录了一件事情：当时他的一个员工因为被开除而怀恨在心，设计陷害公司，让他陷入了纠缠多年的官司，面临十几年的牢狱之灾。在这个混乱的事件里，辛格一直保持着冷静，不让自己的情绪受到干扰，相信宇宙法则自有它的轨迹。当这件事过去之后，他总结说："一件起初看起来像大灾难的事，最后有了正面结果。有一次，我看见如果我能处理当前风暴带来的风，它们最后可能会吹来一份很美妙的礼物。我开始将这些风暴视为改变的前兆。或许，当我们有足够的理由克服日常生活中的惰性时，改变才会发生。充满挑战的状况会创造所需的力量，以带来改变。问题是，我们常利用所有被激发起来的能量抗拒改变，而不是带来变化。我正学习如何在怒吼的狂风中安静地坐着，等着看自己被要求采取什么有建设性的行动。"

回顾自己的人生，他感慨道："一连串的生命事件到底是如何促成这一切的——尤其是我这辈子从来没有碰过电脑，也很满足于自身财务状况的前提下？我今天坐在这里，如果必须回答这个问题，我会说出'臣服'两个字。我自己的臣服实验教会我要永远活在当下，并尽全力不让个人喜好为我做任何决定，而是让生活的现实状况决定我该往哪里走。"

辛格的臣服实验好像很神秘，其实关键点只有两个：第一，"我个人的好恶并不会引导我的生命"；第二，"通过放弃那些强大的力量，我让一个更加强大的力量来指引我的生命"。我们想要真正过好自己的一生，一定要从个体的欲望、情绪之中解脱出来,把自己放在更加宏大的系统里,乃至放在无限里,聆听自然的法则、宇宙的法则,唤醒我们生命中本身就具有的生气与力量,从而可以一无所求地抵达理想的彼岸。

现实生活中,那些能够超越尘世的纷纷扰扰,领悟到宇宙法则的人就是有智慧的人。那些不能领悟到宇宙法则,总是屈服于自己的欲望,一心琢磨权谋、手段的人,无论在世俗社会混得如何风生水起,都只是靠着一些小聪明,最后依然逃不过因果。俗话说,出来混,最后都是要还的。因为护持正法而获得的内心平静,才是人生最宝贵的财富。

29. 敬重尊长：做好自己的本分

想要立命，一定要做好自己的本分。

什么是敬重尊长呢？袁了凡答曰："家之父兄，国之君长，与凡年高、德高、位高、识高者，皆当加意奉事。在家而奉侍父母，使深爱婉容，柔声下气。习以成性，便是和气格天之本。出而事君，行一事，毋谓君不知而自恣也；刑一人，毋谓君不知而作威也。事君如天，古人格论，此等处最关阴德。试看忠孝之家，子孙未有不绵远而昌盛者，切须慎之。"

家庭的父兄，国家的君长，以及一切年事高、德行高、识见高的人，我们都应该恭敬对待。在家里侍奉父母，要和颜悦色、柔声下气，养成习惯，以成本性。这叫和气感通上天。在外侍奉君王，每做一件事，不要以为君王看不见而恣意妄为；每刑讯一个人，不要以为君王不知道而作威作福。侍奉君王就像侍奉上天一样，按照古人的说法，这一点最能影响人的阴德。试看忠孝之家，子孙没有不连绵不断而且兴隆昌盛的，所以一定要格外谨慎小心。

袁了凡讲的"敬重尊长"，实际上是在讲忠孝。忠孝是古代中国人伦理的基本。但很多人听到"忠孝"两个字，就会觉得过时了，往往会断章取义进行批判。比如"君教臣死，臣不死不忠；父教子亡，子不亡不孝"这一句，经常被作为儒家观念迂腐的证据。事实上，这句话出现在明清的小说、戏剧里，将儒学学说工具化了。像《弟子规》这样的作品也偏离了正宗的儒家思想，片面强调子女对于父母、下属对于上级的义务和责任。

《论语》和《孟子》所讲的忠孝，包含了一个关键前提：忠孝应建立在对等的关系之上，并非对父母或君王无条件地服从。《论语》说："事父母几谏。见志不从，又敬不违，劳而不怨。"对待父母的过失或错误，子女要婉言相劝。如果父母不接受自己的意见，子女就只在心里担心即可，在行为上仍然要恭敬。又说："君使臣以礼，臣事君以忠。"假如君王以礼对待臣子，臣子就应该以忠诚侍奉君王。假如君王无礼，怎么办？孔子没有回答，但他说过"道不行，乘桴浮于海"——自己去海上逍遥。

孟子比孔子激进，他说："君之视臣如手足，则臣视君如腹心；君之视臣如犬马，则臣视君如国人；君之视臣如土芥，则臣视君如寇雠。"君王把我看作手足，那我也把他当作心腹；君王使唤我像牛马，那我就把他当作路人甲；君王把我看得很下贱，那我就把他当作仇敌。

《孝经·谏争章》里记载："曾子曰：'敢问子从父之令，可谓孝乎？'子曰：'是何言与？是何言与？昔者，天子有争臣七人，虽无道，不失其天下；诸侯有争臣五人，虽无道，不失其国；大夫有争臣三人，虽无道，不失其家；士有争友，则身不离于令名；父有争子，则身不陷于不义。故当不义，则子不可以不争于父，臣不可以不争于君，故当不义则争之。从父之令，又焉得为孝乎？'"

曾子对孔子说，我想再冒昧地问一下，做儿子的一味遵从父亲的命令，就可以称得上是孝顺了吗？孔子回答，这是什么话呢？这是什么话呢？从前，天子身边有七个直言相谏的诤臣，因此即使天子是个无道昏君，他也不会失去其天下；诸侯有五个直言谏争的诤臣，即便自己是个无道君主，也不会失去他的封国；卿大夫有三位直言劝谏的臣属，即使他是个无道之臣，也不会失去自己的家园。普通的读书人有直言劝谏的朋友，美好的名声就不会丧失；做父亲的有敢于直言力争的儿子，就能使父亲不会陷于不义之中。因此在遇到不义之事时，如系父亲所为，做儿子的不可以不劝争力阻；如系君王所为，做臣子的不可以不直言谏争。所以对于不义之事，一定要谏争劝阻。如果只是遵从父亲的命令，又怎么称得上是孝顺呢？

孔子倡导忠孝的目的是什么呢？

《史记·太史公自序》说："春秋之中，弑君三十六，亡国五十二，诸侯奔走不得保其社稷者不可胜数。察其所以，皆失其本已……故曰'臣弑君，子弑父，非一旦一夕之故也，其渐久矣'。"在孔子生活的年代，礼崩乐坏、天下无道，他认为人失去了之所以为人的根本，所以天下才会陷入这样一种野蛮的状态，而忠孝就是孔子针对礼崩乐坏开出的一剂药方，他想让人回到人之所以为人的根本。忠孝就是要人恪守自己的本分。"君君，臣臣，父父，子子"，君王要像一个君王，臣子要像一个臣子，父亲要像一个父亲，儿子要像一个儿子，各安其位，各尽其责，理想的社会就会随之出现。

"孝"是一个最容易获得大家认同的切入点。要你去爱别人不太容易，但你总应该爱你的儿子，爱你的父亲，爱你的家人吧？孔子认为，孝顺不仅是赡养父母，毕竟这一点连动物都可以做到，作为人，我们还要发自内心地敬爱父母。这个才是孝的真正含义，由此，孔子发展了一套从葬礼到日常行为的"孝敬之礼"。

孝，是一种人之常情，是一种自然的感恩。清人谢泰阶作《小学诗》：

> 第一当知孝，原为百善先。
> 谁人无父母，各自想当年。
> 十月怀胎苦，三年乳哺勤。
> 待儿身长大，费尽万般心。
> 想到亲恩大，终身报不完。
> 欲知生我德，试把养儿看。
> 精血为儿尽，亲年不再还。
> 满头飘白发，红日已西山。
> 乌有反哺义，羊伸跪乳情。
> 人如忘父母，不胜一畜牲。

《论语》里，孔子把孝看作是"仁"的起点。孔子的逻辑很清晰：一个人道德观念的形成，要从处理好自己与亲人的关系开始，然后把自己的爱和责任感不断向外扩展，乃至扩展到整个社会，然后就可以建立起仁者爱人的美好社会。

在古代，君臣关系构成了家庭之外的主要社会联结，有一点像我们今天的职场所带来的人际关系。所以孔子很重视君臣关系，并以"忠"来规范这种关系。"忠"这个汉字，最早见于金文，上"中"下"心"。"中"原本指的是氏族社会的徽帜，引申为中央之义。氏族首领在空地上树一面旗帜以召集族人，族人收到信号就从四面八方赶往旗帜所在之处。这就是"中"字的最初含义。"中"下加一"心"字，强调"各设中于乃心"（《尚书·盘庚》），后来引申为"中者，极至之理。各设极至之理存于心"，这就是"忠"的最初含义。

"忠"的金文

孔子讲"忠"，包含了以下三个意思。第一，言而有信，人与人之间要讲究诚信。曾子经常反省自己："为人谋而不忠乎？"答应了别人的事情，是不是真的努力办到了？第二，忠于人民，在君民关系中，君王一定要以一颗赤子之心奉献于民。第三，忠于君王、忠于国家，作为对君主一片赤诚的回应,臣子和人民也都应该对自己的君王和国家忠诚。

以上是儒家忠孝伦理的一个轮廓,袁了凡将其大而化简,落脚在感恩和诚信上,这是我们每个人都能轻易做到的事。做好自己的本分,时时有感恩之心,时时以诚信尽到自己的责任,就是在行善。

30. 爱惜物命：温柔地对待一切有生命感的事物

想要立命，就应该温柔地对待这个世界。

什么叫爱惜物命呢？袁了凡答曰："凡人之所以为人者，惟此恻隐之心而已。求仁者求此，积德者积此。《周礼》：'孟春之月，牺牲毋用牝。'孟子谓：'君子远庖厨。'所以全吾恻隐之心也！故前辈有四不食之戒，谓：闻杀不食，见杀不食，自养者不食，专为我杀者不食。学者未能断肉，且当从此戒之。"

人之所以为人，是因为都有恻隐之心。求仁的人要追求的就是这个恻隐之心，积德的人积累的，也是这个恻隐之心。《周礼》中讲了这么一个现象：早春的时候，都不会选用母兽去祭祀。孟子说君子要远离厨房，不过是为了保全自己的恻隐之心。因此，从前的君子就有四不食之戒：第一，听到宰杀的声音不吃；第二，看见了宰杀的场面不吃；第三，自己喂养的动物不吃；第四，专门为自己杀的动物不吃。修行的人如果不能彻底断了肉食，不妨从"四不吃"做起。

日积月累，慈悲心就会越来越增长。不只是应该戒掉杀生，对于一切的存在物，都应当有所爱惜。为什么呢？因为世间我们感觉到的一切，其实都有灵性。我们抽丝的时候要煮茧，锄草耕地的时候要杀死小虫子，我们为了自己的衣食，杀死了不少无辜的生命。所以，糟蹋衣食的罪孽实在和杀生是一样的。至于手下误伤的，脚下误踩的，不计其数，都应当尽可能地避免。古人有诗："爱鼠常留饭，怜蛾不点灯。"这是多么仁慈的心啊。

袁了凡这段话最后引用的那一句诗是苏东坡写的。原诗是"为鼠常留饭"，但后来很多人都写成"爱鼠常留饭"。1095年，苏东坡被贬谪到惠州，苏州定慧院的长老守钦禅师听到这个消息，就派弟子去惠州探望苏东坡，还写了一组诗《拟寒山十颂》，让弟子带给苏东坡。苏东坡回赠了《次韵定慧钦长老见寄八首》，其中第一首写道：

左角看破楚，南柯闻长滕。
钩帘归乳燕，穴纸出痴蝇。
为鼠常留饭，怜蛾不点灯。
崎岖真可笑，我是小乘僧。

刘邦打败项羽，好像很了不起，其实很像在蜗牛角上非要争个输赢，既无聊又渺小。滕文公治国流芳百世，其实也不过是南柯一梦。古人的丰功伟绩，在苏轼笔下云淡风轻。他对这些好像很伟大的事情都不感兴趣，只担心乳燕回来的时候进不了家门，就把窗帘挂起来；担心那些傻傻的苍蝇会撞到窗户上，就把窗纸捅破；吃饭时担心家里的老鼠会饿肚子，就顺手为它留一点饭；傍晚担心飞蛾看到灯光会扑上去，晚上就不再点灯了。

苏东坡这首诗想要传达的，是一种细微却伟大的情怀。苏东坡第一次人生挫折是乌台诗案。在监狱里，他感觉自己

"魂飞汤火命如鸡",就像一只等待宰杀的鸡,对着面前滚烫的水魂飞魄散。因为自身有这样的经验,苏东坡从此不再杀生,受不了动物临死前那种痛苦的样子。到惠州,是他第二次被贬,那时候他快六十岁了。命运对苏东坡确实很残酷,但他没有因此怨天尤人、愤怒仇恨,相反他变得更慈悲,更富有同情心,以柔和的心回应世界的残酷。

传统中国文化,不仅提倡不杀生,还提倡对于一切的植物,乃至于我们使用的物品,都要有爱惜之情。北宋著名的理学家程颐是宋哲宗的老师。有一次课间休息,哲宗到外面溜达,看到一根柳树的枝条很美,就把它折了下来。程颐看见了就说皇上这样做不对,"方春万物生荣,不可无故摧折"。春天正是万物生长的好时节,我们没有理由去摧残正在生长的生命。

苏东坡的"为鼠常留饭,怜蛾不点灯",程颐的"不可折柳",其用意都不在形式,而是像袁了凡说的,是要激发我们内在的恻隐之心和慈悲心。

最近,荷兰学者鲁特格尔·布雷格曼出版了《人类的善意》,和平克那本《人性中的善良天使》在立意上很接近。布雷格曼在考察了心理学、生物学、考古学、人类学、社会学以及历史学的最新证据之后,得出这么一个结论:"人类几千年来一直都在错误的自我形象的指引下前行。多少年来,我们一直认为人类是自私的,每个人都是禽兽,甚至还要更坏。多少年来,我们一直认为文明只是一层极其脆弱的外壳,哪怕是一丁点儿挑衅也会把它撕裂。现在我们知道,这种人类观对历史的看法,都是完全不现实的。"

在得出这个结论之后,布雷格曼又说:"如果我们改变了对人性的看法,那么,一个崭新的世界就在前面等着我们。……如果我们相信大多数人是正派和善良的,一切都会变得不同。我们完全可以重新思考如何塑造我们的学校和监狱,重塑我们的企业和民主制度,重新思考我们的生活方式。"

布雷格曼进而提出了赖以生存的十条生活准则。第一条,无法确定的时候,多往好处想。第二条,考虑双赢的可能。第三条,多问问题。第四条,收敛同理心,培养同情心。为什么要收敛同理心,培养同情心?举个例子,如果你的孩子害怕一个人睡觉,作为父母,你不会和孩子一起蜷缩在黑暗中的床上哭泣,而是会努力维持自身情绪的稳定,并尽力安抚孩子。前者是同理心,后者是同情心。第五条,试着理解他人。第六条,爱自己。第七条,避开扭曲的新闻,布雷格曼用了大量的证据证明新闻呈现的世界是一个扭曲的阴暗的世界,我们应该少浏览自媒体,多阅读,多观察周围的现实。第八条,保持宽容。第九条,不要因为做好事而感到羞耻。第十条,面对现实,做一个新现实主义者。布雷格曼认为最后一条最为重要。他所谓的新现实主义,就是不要过于愤世嫉俗,而是要相信自己生活在 A 星球上。关于 A 星球和 B 星球,是《人类的善意》这本书一开始引述的荷兰心理学家汤姆·波斯特姆斯的一个假设,这个假设是这样的:

有一架飞机失事紧急降落,着落后断成了三截。机舱里浓烟滚滚，飞机上每一个人都意识到：必须离开这里。接下来会发生什么？在 A 星球上，乘客们纷纷询问旁边的人有没有受伤，那些需要帮助的人第一时间被救出了飞机。人们愿意献出自己的生命去救助他人，哪怕面对的是陌生人。在 B 星球上，大家为了各自逃命，爆发恐慌，出现了踩踏现象，一些老人和儿童被踩在了脚下。问题是，人类今天生活在哪一个星球上？波斯特姆斯估计大约百分之九十七的人会回答我们生活在 B 星球上，而事实是，几乎在所有的情况下，我们都生活在 A 星球上。

相信自己生活在 A 星球上，是对善良保持信心，对人类怀抱信心。布雷格曼把这个信心看作是能带着我们走进新世界的驱动力。布雷格曼的十条生活准则和袁了凡的十类善行，虽然在内容上有所差异，但本质上是都表达了对于善良的信念。

第四章
谦德之效

31. 低调：低调就会有更多的机会

想要立命，就得低调。

袁了凡讲立命，首先，讲了"立命之学"，讲了人的命运是可以改变的，因而人活着，就应该积极创造自己的命运；其次，讲了"改过之法"，即改变自己不良习气的方法；再次，讲了"积善之方"，分析了什么是善，如何做善事。一心善良，就是改变命运最好的法门；最后，讲了"谦德之效"，谦虚的品德会带来好的效果。

谦虚，是古代中国人最看重的个人品德之一。为什么中国人那么看重谦虚？袁了凡在"谦德之效"的开头引用了《易经·谦卦》："天道亏盈而益谦，地道变盈而流谦，鬼神害盈而福谦，人道恶盈而好谦。"事物发展到极限就会转向反方向继续发展。天道的规律是，亏损到一定程度就会开始增益，增益到一定程度又会开始亏损，比如月有阴晴圆缺；地道的规律是，水盛满则会溢出，转而流向低处；鬼神的规律是，会惩罚盈满蛮横暴富的人，福佑谦虚贫困的人；人道的规律是，厌恶骄傲自满的人，喜爱谦虚有礼的人。

《谦》卦是《易经》的六十四卦之一，被称为最完美、最吉祥的一卦。周公劝诫伯禽："故《易》有一道，大足以守天下，中足以守其国家，近足以守其身，谦之谓也。"《易经》里《谦》卦显现的法门，大可以让你守护天下，中可以让你守护自己的国家，小可以让你守护自己的身体。

《谦》的卦象是下艮上坤，艮是山，坤是地。山本来应该在地的上面，却谦卑地处于地的下面。卦辞说："《谦》：亨。君子有终。"《谦》卦象征着亨通，意思是君子若保持谦虚的美德就一定可以得到美好的结果。《谦》卦有六条爻辞，前面四条讲约束自己、对上对下都要谦虚，等等；第五条、第六条讲出于自卫而主动出击。所以，谦虚不是软弱，而是刚柔并济。六十四卦中，只有《谦》卦每一爻的爻辞都是吉利的。因此，在日常生活中，假如我们真正做到谦虚，就能无往而不利。

谦虚的人表现出来的做派，一定是低调。袁了凡用三个故事点明低调的人有多厉害。

第一个故事，袁了凡有一年进京城参加科举考试，同行者共十个人，其中最小的叫丁敬宇。丁敬宇年龄最小，也最为谦虚。袁了凡一路仔细观察他的为人处世，然后对另一位同学费锦坡说："其他人我不敢说，但丁敬宇今年一定会考上。"费锦坡就问："何以见得？"袁了凡分析道："你看我们十人当中，有谁像丁敬宇那样温和恭敬、诚恳忠实、不为人先？有谁像丁敬宇那样毕恭毕敬、谨小慎微？有谁能像丁敬宇那样受到侮辱、诽谤也不开口辩解？一个人如果能够做到那样，就是天地鬼神也要保护他，哪有不飞黄腾达的道理？"等到开榜，丁敬宇果然考中了进士。

第二个故事，有一年袁了凡在北京，和一个叫冯开之的人同住。袁了凡少年时就认识冯开之，这次见面，他发现冯开之像变了一个人：小时候急躁，甚至轻浮，现在变得非常谦和庄重。同住的还有一个朋友叫李霁岩，心直口快，不顾及别人的颜面，经常指摘冯开之的过失，但冯开之每次都心平气和，淡然面对，从未对李霁岩恶言相向。袁了凡就对冯开之说："福有福的起因，祸有祸的先兆。你这样谦虚诚恳，上天一定会帮助你。老兄你今年一定会考出好成绩。"果然，很快就传来了冯开之考中的好消息。

第三个故事，一个叫赵裕峰的山东人，不满二十岁就中了举人，但后面的考试再也没有中过。他的父亲调任嘉善县的主簿，他也随同前往。因为十分仰慕嘉善的名士钱明吾先生，赵裕峰便带着自己的文章上门请教。钱明吾看了他的文章，没有一句赞词，几乎将他批评得一无是处。赵裕峰不但不生气，反而心悦诚服地按照钱明吾的批语一条一条改进文章。第二年，他一次就考中了进士。

袁了凡讲的这三个低调的故事，偏重于个人修为上的低调，除此之外，生活上也要做到不张扬、奢侈。南北朝颜之推的《颜氏家训》和清朝的《曾国藩家训》里都强调了这一点。

《颜氏家训》里有专门一章讲止足，提倡简朴。其大意是，天地鬼神都厌恶自满、骄奢之人，谦虚、自我克制可以助我们避免祸害。人穿衣服的目的不过是遮蔽身体、挡风御寒，吃东西的目的也仅仅在于填饱肚子以免饥饿乏力而已。自己的躯体尚且不求奢侈浪费，躯体之外还要追求骄奢、恣意放纵吗？周穆王、秦始皇、汉武帝贵为天子，富有天下，不懂得适可而止，还遭受失败挫折，何况我们普通人呢？因此，颜之推告诫他的子孙，一般二十口之家，奴婢不能超过二十个人，有十顷良田、有遮挡风雨的房子、有代步的车马，足矣；积蓄几万钱财用来准备婚嫁丧礼、应急之类即可，除此多出来的财富，要散出去做好事。

一般人都希望子孙当大官，曾国藩在家训开篇就教导他的儿子，希望他做一个读书明理的君子，能勤恳简朴，能吃苦耐劳，可以在顺境里自得其乐，也可以在逆境里自得其乐。曾国藩以自己为例，当官二十多年不敢沾染官场习气，平时的饮食起居坚持勤俭节约的家族传统，极其简单也可以，略略丰足也可以，但太过丰足张扬，是他万万不敢的。

从颜之推到袁了凡，再到曾国藩，所讲的意思，就是《尚书》里根据《周易·谦卦》归纳出来的名句："满招损，谦受益。"太张扬就会招惹祸害，凡事留有余地、有所舍弃，懂得收敛、低调，才会得到真正的益处。

32. 沉稳：沉稳就会有吸引力

想要立命，就得沉稳。

谦虚的人一定也是沉稳的人。袁了凡用一个故事向我们展现沉稳之人的魅力所在。

有一年，袁了凡进京觐见皇帝，途中遇到一个叫夏建所的人，一下子就被他身上温和包容的光芒吸引，这是因为虚怀若谷而散发出来的。袁了凡就对另一个朋友说："凡是上天要使某个人发达，在还没有降福给他时，会先开启他的智慧。这种智慧一旦开启，浮躁的人会变得沉稳，放肆的人会变得内敛。夏建所能如此温良恭敬，一定是上天启迪了他。"等到开榜，果然夏建所一举中的。

袁了凡讲了一个现象：有些人会自带光芒，换句话说，有些人的气场很强大，他安静地站在那里就能吸引到别人。怎么样能够自带光芒呢？当然是做一个谦谦君子，培养自己温润的气质。《周易》说："谦谦君子，卑以自牧也。"君子谦而又谦，以谦卑来约束自己。有人把"谦谦"解释为"谦"这个卦，即山在地的下面，地在山的上面，那么"谦谦"就意味着人在山和地之间受到约束，引申为自律。做到自律，就是君子了。那么，为什么要自律呢？又怎样自律呢？我们可以从袁了凡"谦德之效"里的故事去感悟。

江阴的张畏岩一直勤勉追学，在读书人里有一定的声望。甲午年（公元1594年），他去南京参加乡试，寄宿在一家道观里。没想到成绩揭晓后他榜上无名,张畏岩忍不住大骂考官有眼无珠。旁边的一位道人笑着看他骂人,张畏岩恼羞成怒又迁怒于他。道人说:"相公的文章一定写得不好。"

张畏岩更加愤怒,回敬道:"你都没有读过我的文章,怎么知道我的文章不好?"

道人回答:"我听说写文章贵在心气平和。现在看相公在这里高声叫骂,心中一定积了一堆不平之气,这种情况下怎么可能写出好文章呢?"张畏岩听了,不由得心生敬佩,立即向这位道人讨教。

道人说:"考得中还是考不中,全在于命运,命里不该中的,就算你文章写得再好,还是没有用。你一定要做一个很大的转变,才能改变命运。"

张畏岩说:"既然是命,又怎么能转变呢?"

道人说:"造命的是天,立命的却是自己。只要尽力去做善事,广积阴德,什么福泽求不到呢?"

张畏岩说:"我一个贫寒的读书人,哪有什么本钱去做善事?"

道人说:"善事和阴德都是由人的内心决定的。只要常常存有善心,就功德无量。比如谦虚,并不花费你的钱,为什么不自我反省而骂考官呢?"

从此以后,张畏岩一改从前浮躁的做派,每天都行善,每天都在增加功德。丁酉年(公元 1597 年),他梦见自己进入了一所高高的房子里,看到一本考试录取的名册,奇怪的是中间有不少空缺,就问房子里的人这本名册意味着什么。

那人回答:"这是今年科举中第者的名册。"

张畏岩问:"为什么中间的名字是空缺的?"

那人回答:"对于那些读书人,我们每三年考察一次,必须是积累功德、不犯过错的人,才能榜上有名。像册子里空缺的,都是原来预计能够考中的,但因为近期有不端行为而被除名了。"又往后指着一行说:"你这三年来,行事勤慎,或许应当补充到这里,希望你自重自爱。"果然,在那年的考试中,张畏岩考中举人,位列第一百零五名。

讲完这个故事,袁了凡做了个小结:从这些事看来,举头三尺,定有神明。趋于吉祥也罢,避开凶险也罢,全在于自己。如果能够心存善念、严于律己,对天地鬼神敬重,对别人抱着谦逊的态度,那么鬼神也会时时眷顾我们,我们才有接受福泽的根基。那些咄咄逼人的人肯定难成大器,即使发达了也不会享受生活的乐趣和美好。稍微有见识的人必定不会心胸狭窄,自己主动把福泽挡在门外。何况谦虚的人受教的机会也多,获益无穷,这实在是修行者必不可少的品质。

一般人因为民间算命的影响,往往以为中国传统思想的主流是宿命论。这是一个严重的误解。中国传统思想关于命运的看法,既不是宿命论,也不是反宿命论,而是"立命"。一方面,中国传统思想承认有不可知的无法控制的天命或者业力,也可以叫八字——你出生时带来的各种宇宙信息,即承认有一种比我们生活的世界更高维度的存在,以我们很难理解的方式在运转着;但另一方面,中国传统思想又相信个人可以通过自己的努力去建构命运。《曾国藩家训》里有一段话很典型："凡富贵功名，皆有命定，半由人力，半由天事；惟学作圣贤，全由自己作主，不与天命相干涉。吾有志学为圣贤，少时欠居敬功夫，至今犹不免偶有戏言戏动。尔宜举止端庄，言不妄发，则入德之基也。"富贵功名都是命，一半由于个人的努力，一半取决于天意；只有学习做圣贤这件事，全由我们自己做主，与天命没有半点关系；我自己有学做圣贤的志向，但小时候居敬功夫有所欠缺，所以直到现在还会有些轻浮的举止。你应该吸取我的教训，要举止端庄，说话要经过考虑，那就是进德修业的根基了。

曾国藩非常强调个人的努力，但另一方面，又强调个人的努力必须符合天理或因果法则，否则个人的努力不会有什么效果。就像《增广贤文》里说："人恶人怕天不怕，人善人欺天不欺。善恶到头终有报，只争来早与来迟。"天道也罢，因果法则也罢，都是要让人趋向善良、谦虚、积极乐观。"天行健，君子以自强不息；地势坤，君子以厚德载物。"天的运动刚强劲健，因此君子处事应像天一样，不断自我修炼，发愤图强，永不停息；大地的气势厚实和顺，君子应增厚美德，容载万物。

将这两方面综合起来考量，就能总结出一个很简单的法则：已经改变不了的，就不去管它了，但要竭尽全力去创造新的因缘，展开新的生命旅程。就像《了凡四训》里云谷禅师对袁了凡说，好比生孩子，你积下百世之德，一定有百世的子孙传承；你积下十世之德，就会有十世的子孙传承；你积下三世或二世之德，就会有三世或二世的子孙传承；没有后代的人，说明福德很薄。现在你已经认识到了自己过去的种种过失，那就要把你自己考不取功名、没有后代的原因彻底扭转过来；一定要积德，一定要对人宽容，一定要和气慈爱，一定要保养精神。从前的那个你，等于已经停留在了昨天；从今以后，就从今天开始，一个新的自己即将诞生。这个新的自己一定可以超越固有的命数，是再生的义理之身。

因为要立命，所以必须谦虚，必须沉稳，必须自律。

33. 立志：有志者事竟成

想要立命，就得立志。

《周易》里《谦》卦说："君子有终。"君子一定会有美好的结局，但美好的结局，需要一个美好的开始，需要立志，有志者事竟成。

袁了凡对立志有这样的解读，"古语说：有志于功名的人，一定会得到功名；有志于富贵者，一定会得到富贵。人一旦有了坚定的志向，犹如树木有了坚实的根基。立定志向后，就应该每每不忘谦虚，处处不忘给人方便，自然就会感动天地，这就是所谓的福报由自己造。现在有些求取科举功名的人，起初也许并没有真正的志向，只是一时兴起。兴致来了，就去追求；兴致散了，也就作罢了。孟子对齐王说：大王如果真正喜欢音乐，那么齐国也就治理得差不多了。我认为读书人之于科举，也是一样。如果你发自内心地喜欢，有坚定不移的志向，那就一定能够获得功名。"

袁了凡的这段话有三个关键点：第一，你想要立命，必须立志；第二，你立志的"志"不是一时兴起，而是真正发自内心，值得热爱一辈子；第三，贯穿《了凡四训》全书的逻辑，你的热爱应该符合善良、向上的原则，否则吸毒、赌博之类也能算是"热爱"了。用王阳明的话说，立志的时候要念念不忘天理。你的志向要符合天理，这样上天才会成全你。

王阳明《文录四》记录的一件事，特别能够说明什么叫有志者事竟成。

有一个叫周莹的人，跟着一位叫应元忠的老师学习。这位应老师很崇拜王阳明，就叫周莹去找王阳明请教。于是，周莹就费了很大的周折找到王阳明。王阳明就问他："应先生都教过你什么呢？"周莹回答："也没有教什么，只是每天教我向圣贤学习，不可溺于流俗罢了。应先生还说，他曾就这些道理请教过阳明先生，如果我不信，不妨亲自找您求证。所以我才千里迢迢来找您。"王阳明就问："那这样说来，你是信不过应先生的话了？"周莹连忙说："信得过。"王阳明说："那又何必跑来找我？"周莹答："那是因为，应先生只教了我该学什么，却没有教我该怎么学。"王阳明说："其实你知道怎么学，不需要我来教。"

周莹很迷惑，说："我不太明白您的意思。"王阳明就问："你从永康来这里走了多少路？"周莹回答："足足千里之遥。"王阳明又说："是乘船来的吗？"周莹回答："先乘船，后来又走陆路。"王阳明说："真是很辛苦，尤其现在是六月，一定很热吧。"周莹回答："是很热。"王阳明又问："一路准备了盘缠吗？有童仆跟随吗？"周莹回答："这些都有准备，只是童仆半路病倒了，我只好把盘缠给了他，自己又借钱走了下一段路。"

王阳明又问："这一路既然那么辛苦，为什么不半途而返呢？反正也没有人强迫你。"周莹就说："我是真心来向您求学，旅途中的艰辛对我而言是乐趣，怎么会半途而返呢？"王阳明就说:"你看,我就说你已经知道该怎么学习了。你立志来向我学习,结果真的一路就来到了我门下,而这一路从水路到旱路,又要安置童仆,又要筹备盘缠,还要忍受酷暑,这一切你又是如何学来的呢?同样的道理,只要你有志于圣贤之学,自然就会成为圣贤,难道还需要别人来教你具体的方法吗?"

从这一段对话里,我们可以领悟出王阳明修习的思路:只要立志去某个地方,就一定不会走错路,一定可以到达;如果你走错了,那一定是你没有真心诚意地想去那个地方。王阳明和朱熹的分歧,是从"格物"开始的。朱熹认为,万事万物都有定理,格物就是探究万事万物的定理;而王阳明认为,万事万物并没有什么定理,而是我们的内心有定理,我们应该去把我们内心的定理挖掘出来,那么看万事万物自然就能看到天理。

这个分歧很微妙,但又很深刻,是两种完全不同的认知和方法论。朱熹大概属于看见了才相信,而王阳明属于因为相信就能看见。王阳明更深的意思是,你必须先有一个统摄性的来自心的力量,这种力量会带你去到你应该去的地方,也会带着你解决遇到的各种问题。

作为王阳明学生的学生,袁了凡继承了王阳明的思路:相信就能看见,相信就能到达。认定一个简单的天理,让其成为自己的信念,恪守自己的热爱,使其成为一生的动力,就会有志者事竟成。换一种说法,人应该从自己的内心去恪守一个简单而基本的做人原则,去做自己热爱的事情,就一定会有所成就。

　　这就是《了凡四训》的核心。袁了凡反复向我们传达一个简单的信念：相信善良可以改变自己的命运。就像1896年美国心理学家詹姆斯在关于"相信的意愿"(*The will to believe*)这个演讲里所说的那样，有些事情是我们必须相信的，即使我们不能证明它们；像友谊、忠诚、爱情、信任这些美好的东西之所以是真实的，是因为我们相信它们。

　　《了凡四训》真的很简单。凡是真正的道理，其实都很简单、很平常。很简单地去坚持，很平常地去重复，就会在潜移默化中带来改变。但是，我们往往以为简单的、平常的都没有什么用，总想寻找一个复杂的、神奇的、立即产生效果的法门，结果却错过了那些简单的、能够让我们的生命变得更好的信念和生活方式。

　　《了凡四训》里讲立命、讲改过、讲积善、讲谦德，就内在而言，是三个关键词：立志、热爱、天理；就外在而言，也是三个关键词：积极乐观、善良、谦虚。一旦人回到内心，找到自己的热爱和志向，时刻活在天理之中，那就会洋溢着乐观、善良、谦虚，就会散发出一种光芒，使人在不知不觉之中吸引美好的人和美好的事。

参考书目

[1] 《论语新解》(钱穆,海南出版社,2021 年)

[2] 《孟子》(方勇译注,中华书局,2015 年)

[3] 《传习录》(费勇译注,三秦出版社,2018 年)

[4] 伊迪丝·霍尔《良好生活操作指南:亚里士多德的十堂幸福课》(孙萌译,天津人民出版社,2021 年)

[5] 亚当·斯密《道德情操论》(蒋自强等译,商务印书馆,1997 年)

[6] 斯蒂芬·金《肖申克的救赎》(施东青等译,人民文学出版社,2022 年)

[7] 汉娜·阿伦特《反抗"平庸之恶"》(杰罗姆·科恩编,上海人民出版社,2014 年)

[8] 路易斯·波伊曼、詹姆斯·菲泽《给善恶一个答案:身边的伦理学》(王江伟译,中信出版集团,2017 年)

[9] 胡安·路易斯·阿苏亚加《生命简史》(姚云青译,上海科学技术文献出版社,2022 年)

[10] 马特·里德利《先天后天:基因、经验以及什么使我们成为人》(黄菁菁译,机械工业出版社,2021 年)

[11] 迈克斯·泰格马克《生命 3.0》(汪婕舒译,浙江教育出版社,2018 年)

[12] 卡罗尔·德韦克《终身成长》(楚祎楠译,江西人民出版社,2017 年)

[13] 斯蒂芬·柯维《高效能人士的七个习惯》(高新勇等译,中国青年出版社,2022年)

[14] 斯蒂芬·平克《人性中的善良天使:暴力为什么会减少》(安雯译,中信出版集团,2019年)

[15] 鲁特格尔·布雷格曼《人类的善意》(贾拥民译,北京联合出版公司,2022年)

[16] 稻盛和夫《稻盛和夫自传》(杨超译,东方出版社,2015年)

[17] 迈克·A. 辛格《臣服实验》(易灵运译,南京大学出版社,2019年)

[18] 华姿《德兰修女传:在爱中行走》(山东画报出版社,2005年)

[19] 房龙《宽容》(刘梅译,中国友谊出版社,2017年)

附录一

了凡四训（原文）

立命之学

余童年丧父，老母命弃举业学医，谓可以养生，可以济人，且习一艺以成名，尔父夙心也。后余在慈云寺，遇一老者，修髯伟貌，飘飘若仙，余敬礼之。语余曰："子仕路中人也，明年即进学，何不读书？"

余告以故，并叩老者姓氏里居。

曰："吾姓孔，云南人也。得邵子皇极数正传，数该传汝。"

余引之归，告母。

母曰："善待之。"

试其数，纤悉皆验。余遂起读书之念，谋之表兄沈称，言："郁海谷先生在沈友夫家开馆，我送汝寄学甚便。"

余遂礼郁为师。

孔为余起数：县考童生，当十四名；府考第七十一名，提学考第九名。明年赴考，三处名数皆合。复为卜终身休咎，言：某年考第几名，某年当补廪，某年当贡，贡后某年当选四川一大尹，在任三年半，即宜告归。五十三岁八月十四日丑时，当终于正寝，惜无子。余备录而谨记之。

自此以后，凡遇考校，其名数先后，皆不出孔公所悬定者。独算余食廪米九十一石五斗当出贡；及食米七十余石，屠宗师即批准补贡，余窃疑之。后果为署印杨公所驳，直至丁卯年，殷秋溟宗师见余场中备卷，叹曰："五策，即五篇奏议也，岂可使博洽淹贯之儒，老于窗下乎！"遂依县申文准贡，连前食米计之，实九十一石五斗也。

余因此益信进退有命，迟速有时，澹然无求矣。

贡入燕都，留京一年，终日静坐，不阅文字。己巳归，游南雍，未入监，先访云谷会禅师于栖霞山中，对坐一室，凡三昼夜不瞑目。

云谷问曰："凡人所以不得作圣者，只为妄念相缠耳。汝坐三日，不见起一妄念，何也？"

余曰："吾为孔先生算定，荣辱死生，皆有定数，即要妄想，亦无可妄想。"

云谷笑曰："我待汝是豪杰，原来只是凡夫。"

问其故，曰："人未能无心，终为阴阳所缚，安得无数？但惟凡人有数：极善之人，数固拘他不定；极恶之人，数亦拘他不定。汝二十年来，被他算定，不曾转动一毫，岂非是凡夫？"

余问曰："然则数可逃乎？"

曰："命由我作，福自己求。诗书所称，的为明训。我教典中说：'求富贵得富贵，求男女得男女，求长寿得长寿。'夫妄语乃释迦大戒，诸佛菩萨，岂诳语欺人？"

余进曰："孟子言：'求则得之。'是求在我者也。道德仁义，可以力求；功名富贵，如何求得？"

云谷曰："孟子之言不错，汝自错解耳。汝不见六祖说：'一切福田，不离方寸；从心而觅，感无不通。'求在我，不独得道德仁义，亦得功名富贵；内外双得，是求有益于得也。若不反躬内省，而徒向外驰求，则求之有道，而得之有命矣。内外双失，故无益。"

因问："孔公算汝终身若何？"

余以实告。

云谷曰："汝自揣应得科第否？应生子否？"

余追省良久，曰："不应也。科第中人，类有福相，余福薄，又不能积功累行，以基厚福；兼不耐烦剧，不能容人；时或以才智盖人，直心直行，轻言妄谈。凡此皆薄福之相也，岂宜科第哉。

"地之秽者多生物，水之清者常无鱼。余好洁，宜无子者一；和气能育万物，余善怒，宜无子者二；爱为生生之本，忍为不育之根，余矜惜名节，常不能舍己救人，宜无子者三；多言耗气，宜无子者四；喜饮铄精，宜无子者五；好彻夜长坐，而不知葆元毓神，宜无子者六。其余过恶尚多，不能悉数。"

云谷曰："岂惟科第哉。世间享千金之产者，定是千金人物；享百金之产者，定是百金人物；应饿死者，定是饿死人物。天不过因材而笃，几曾加纤毫意思。

"即如生子，有百世之德者，定有百世子孙保之；有十世之德者，定有十世子孙保之；有三世二世之德者，定有三世二世子孙保之；其斩焉无后者，德至薄也。

"汝今既知非，将向来不发科第，及不生子之相，尽情改刷；务要积德，务要包荒，务要和爱，务要惜精神。从前种种，譬如昨日死；从后种种，譬如今日生，此义理再生之身。

"夫血肉之身，尚然有数；义理之身，岂不能格天？《太甲》曰：'天作孽，犹可违；自作孽，不可活。'《诗》云：'永言配命，自求多福。'孔先生算汝不登科第，不生子者，此天作之孽，犹可得而违。汝今扩充德性，力行善事，多积阴德，此自己所作之福也，安得而不受享乎？

"《易》为君子谋，趋吉避凶；若言天命有常，吉何可趋，凶何可避？开章第一义，便说：'积善之家，必有余庆。'汝信得及否？"

余信其言，拜而受教。因将往日之罪，佛前尽情发露，为疏一通，先求登科；誓行善事三千条，以报天地祖宗之德。

云谷出功过格示余，令所行之事，逐日登记；善则记数，恶则退除，且教持准提咒，以期必验。

语余曰："符箓家有云：'不会书符，被鬼神笑。'此有秘传，只是不动念也。执笔书符，先把万缘放下，一尘不起。从此念头不动处，下一点，谓之混沌开基。由此而一笔挥成，更无思虑，此符便灵。凡祈天立命，都要从无思无虑处感格。

"孟子论立命之学，而曰：'夭寿不贰。'夫夭与寿，至贰者也。当其不动念时，孰为夭，孰为寿？细分之，丰歉不贰，然后可立贫富之命；穷通不贰，然后可立贵贱之命；夭寿不贰，然后可立生死之命。人生世间，惟死生为重，曰夭寿，则一切顺逆皆该之矣。

"至修身以俟之，乃积德祈天之事。曰修，则身有过恶，皆当治而去之；曰俟，则一毫觊觎，一毫将迎，皆当斩绝之矣。到此地位，直造先天之境，即此便是实学。

"汝未能无心，但能持准提咒，无记无数，不令间断，持得纯熟，于持中不持，于不持中持。到得念头不动，则灵验矣。"

余初号学海，是日改号了凡；盖悟立命之说，而不欲落凡夫窠臼也。从此而后，终日兢兢，便觉与前不同。前日只是悠悠放任，到此自有战兢惕厉景象，在暗室屋漏中，常恐得罪天地鬼神；遇人憎我毁我，自能恬然容受。

到明年，礼部考科举，孔先生算该第三，忽考第一，其言不验，而秋闱中式矣。然行义未纯，检身多误：或见善而行之不勇；或救人而心常自疑；或身勉为善，而口有过言；或醒时操持，而醉后放逸。以过折功，日常虚度。自己巳岁发愿，直至己卯岁，历十余年，而三千善行始完。

时方从李渐庵入关，未及回向。庚辰南还，始请性空、慧空诸上人，就东塔禅堂回向。遂起求子愿，亦许行三千善事。辛巳，生男天启。

余行一事，随以笔记。汝母不能书，每行一事，辄用鹅毛管，印一朱圈于历日之上。或施食贫人，或买放生命，一日有多至十余圈者。至癸未八月，三千之数已满，复请性空辈，就家庭回向。九月十三日，复起求中进士愿，许行善事一万条。丙戌登第，授宝坻知县。

余置空格一册，名曰《治心编》。晨起坐堂，家人携付门役，置案上，所行善恶，纤悉必记。夜则设桌于庭，效赵阅道焚香告帝。

汝母见所行不多，辄颦蹙曰："我前在家，相助为善，故三千之数得完；今许一万，衙中无事可行，何时得圆满乎？"

夜间偶梦见一神人，余言善事难完之故。神曰："只减粮一节，万行俱完矣。"盖宝坻之田，每亩二分三厘七毫。余为区处，减至一分四厘六毫，委有此事，心颇惊疑。适幻余禅师自五台来，余以梦告之，且问此事宜信否。

师曰："善心真切，即一行可当万善，况合县减粮，万民受福乎？"

吾即捐俸银，请其就五台山斋僧一万而回向之。

孔公算予五十三岁有厄，余未尝祈寿，是岁竟无恙，今六十九矣。

《书》曰："天难谌，命靡常。"又云："惟命不于常。"皆非诳语。吾于是而知，凡称祸福自己求之者，乃圣贤之言。若谓祸福惟天所命，则世俗之论矣。

汝之命，未知若何。即命当荣显，常作落寞想；即时当顺利，常作拂逆想；即眼前足食，常作贫窭想；即人相爱敬，常作恐惧想；即家世望重，常作卑下想；即学问颇优，常作浅陋想。

远思扬祖宗之德，近思盖父母之愆；上思报国之恩，下思造家之福；外思济人之急，内思闲己之邪。

务要日日知非，日日改过。一日不知非，即一日安于自是；一日无过可改，即一日无步可进。天下聪明俊秀不少，所以德不加修，业不加广者，只为"因循"二字，耽阁一生。

云谷禅师所授立命之说，乃至精至邃，至真至正之理，其熟玩而勉行之，毋自旷也。

改过之法

春秋诸大夫，见人言动，亿而谈其祸福，靡不验者，《左》《国》诸记可观也。大都吉凶之兆，萌乎心而动乎四体，其过于厚者常获福，过于薄者常近祸，俗眼多翳，谓有未定而不可测者。至诚合天，福之将至，观其善而必先知之矣；祸之将至，观其不善而必先知之矣。今欲获福而远祸，未论行善，先须改过。

但改过者，第一，要发耻心。思古之圣贤，与我同为丈夫，彼何以百世可师？我何以一身瓦裂？耽染尘情，私行不义，谓人不知，傲然无愧，将日沦于禽兽而不自知矣；世之可羞可耻者，莫大乎此。孟子曰："耻之于人大矣。"以其得之则圣贤，失之则禽兽耳。此改过之要机也。

第二，要发畏心。天地在上，鬼神难欺，吾虽过在隐微，而天地鬼神，实鉴临之，重则降之百殃，轻则损其现福，吾何可以不惧？不惟是也。闲居之地，指视昭然；吾虽掩之甚密，文之甚巧，而肺肝早露，终难自欺；被人觑破，不值一文矣，乌得不懔懔？不惟是也。一息尚存，弥天之恶，犹可悔改；古人有一生作恶，临死悔悟，发一善念，遂得善终者。谓一念猛厉，足以涤百年之恶也。譬如千年幽谷，一灯才照，则千年之暗俱除；故过不论久近，惟以改为贵。但尘世无常，肉身易殒，一息不属，欲改无由矣。明则千百年担负恶名，虽孝子慈孙，不能洗涤；幽则千百劫沉沦狱报，虽圣贤佛菩萨，不能援引。乌得不畏？

第三，须发勇心。人不改过，多是因循退缩；吾须奋然振作，不用迟疑，不烦等待。小者如芒刺在肉，速与抉剔；大者如毒蛇啮指，速与斩除，无丝毫疑滞，此风雷之所以为益也。

具是三心，则有过斯改，如春冰遇日，何患不消乎？然人之过，有从事上改者，有从理上改者，有从心上改者；工夫不同，效验亦异。

如前日杀生，今戒不杀，前日怒詈，今戒不怒，此就其事而改之者也。强制于外，其难百倍，且病根终在，东灭西生，非究竟廓然之道也。

善改过者，未禁其事，先明其理；如过在杀生，即思曰：上帝好生，物皆恋命，杀彼养己，岂能自安？且彼之杀也，既受屠割，复入鼎镬，种种痛苦，彻入骨髓；己之养也，珍膏罗列，食过即空，疏食菜羹，尽可充腹，何必戕彼之生，损己之福哉？又思血气之属，皆含灵知，既有灵知，皆我一体；纵不能躬修至德，使之尊我亲我，岂可日戕物命，使之仇我憾我于无穷也？一思及此，将有对食伤心，不能下咽者矣。

如前日好怒，必思曰：人有不及，情所宜矜；悖理相干，于我何与？本无可怒者。又思天下无自是之豪杰，亦无尤人之学问；行有不得，皆己之德未修，感未至也。吾悉以自反，则谤毁之来，皆磨炼玉成之地，我将欢然受赐，何怒之有？

又闻谤而不怒，虽谗焰熏天，如举火焚空，终将自息；闻谤而怒，虽巧心力辩，如春蚕作茧，自取缠绵；怒不惟无益，且有害也。其余种种过恶，皆当据理思之。

此理既明，过将自止。

何谓从心而改？过有千端，惟心所造；吾心不动，过安从生？学者于好色、好名、好货、好怒，种种诸过，不必逐类寻求；但当一心为善，正念现前，邪念自然污染不上。如太阳当空，魍魉潜消，此精一之真传也。过由心造，亦由心改，如斩毒树，直断其根，奚必枝枝而伐，叶叶而摘哉？

大抵最上治心，当下清净；才动即觉，觉之即无。苟未能然，须明理以遣之；又未能然，须随事以禁之。以上事而兼行下功，未为失策。执下而昧上，则拙矣。

顾发愿改过，明须良朋提醒，幽须鬼神证明；一心忏悔，昼夜不懈，经一七、二七，以至一月、二月、三月，必有效验。

或觉心神恬旷；或觉智慧顿开；或处冗沓而触念皆通；或遇怨仇而回嗔作喜；或梦吐黑物；或梦往圣先贤，提携接引；或梦飞步太虚；或梦幢幡宝盖，种种胜事，皆过消罪灭之象也。然不得执此自高，画而不进。

昔蘧伯玉当二十岁时，已觉前日之非而尽改之矣。至二十一岁，乃知前之所改，未尽也；及二十二岁，回视二十一岁，犹在梦中。岁复一岁，递递改之。行年五十，而犹知四十九年之非，古人改过之学如此。

吾辈身为凡流，过恶猬集，而回思往事，常若不见其有过者，心粗而眼翳也。然人之过恶深重者，亦有效验：或心神昏塞，转头即忘；或无事而常烦恼；或见君子而赧然消沮；或闻正论而不乐；或施惠而人反怨；或夜梦颠倒，甚则妄言失志，皆作孽之相也。苟一类此，即须奋发，舍旧图新，幸勿自误。

积善之方

《易》曰："积善之家，必有余庆。"昔颜氏将以女妻叔梁纥，而历叙其祖宗积德之长，逆知其子孙必有兴者。孔子称舜之大孝，曰："宗庙飨之，子孙保之。"皆至论也。试以往事征之。

杨少师荣，建宁人，世以济渡为生。久雨溪涨，横流冲毁民居，溺死者顺流而下，他舟皆捞取货物，独少师曾祖及祖惟救人，而货物一无所取，乡人嗤其愚。逮少师父生，家渐裕，有神人化为道者，语之曰："汝祖父有阴功，子孙当贵显，宜葬某地。"遂依其所指而窆之，即今白兔坟也。后生少师，弱冠登第，位至三公，加曾祖、祖父如其官。子孙贵盛，至今尚多贤者。

鄞人杨自惩，初为县吏，存心仁厚，守法公平。时县宰严肃，偶挞一囚，血流满前，而怒犹未息，杨跪而宽解之。宰曰："怎奈此人越法悖理，不由人不怒。"

自惩叩首曰："上失其道，民散久矣！如得其情，哀矜勿喜；喜且不可，而况怒乎？"宰为之霁颜。

家甚贫，馈遗一无所取，遇囚人乏粮，常多方以济之。一日，有新囚数人待哺，家又缺米，给囚，则家人无食；自顾，则囚人堪悯。与其妇商之。

妇曰："囚从何来？"

曰："自杭而来。沿路忍饥，菜色可掬。"

因撤己之米，煮粥以食囚。后生二子，长曰守陈，次曰守址，为南北吏部侍郎，长孙为刑部侍郎，次孙为四川廉宪，又俱为名臣。今楚亭、德政，亦其裔也。

昔正统间，邓茂七倡乱于福建，士民从贼者甚众。朝廷起鄞县张都宪楷南征，以计擒贼，后委布政司谢都事，搜杀东路贼党。谢求贼中党附册籍，凡不附贼者，密授以白布小旗，约兵至日，插旗门首，戒军兵无妄杀，全活万人；后谢之子迁，中状元，为宰辅；孙丕，复中探花。

莆田林氏，先世有老母好善，常作粉团施人，求取即与之，无倦色。一仙化为道人，每旦索食六七团。母日日与之，终三年如一日，乃知其诚也。因谓之曰："吾食汝三年粉团，何以报汝？府后有一地，葬之，子孙官爵，有一升麻子之数。"

其子依所点葬之，初世即有九人登第，累代簪缨甚盛，福建有"无林不开榜"之谣。

冯琢庵太史之父，为邑庠生。隆冬早起赴学，路遇一人，倒卧雪中，扪之，半僵矣。遂解己绵裘衣之，且扶归救苏。梦神告之曰："汝救人一命，出至诚心，吾遣韩琦为汝子。"及生琢庵，遂名琦。

台州应尚书，壮年习业于山中。夜鬼啸集，往往惊人，公不惧也。一夕闻鬼云："某妇以夫久客不归，翁姑逼其嫁人。明夜当缢死于此，吾得代矣。"公潜卖田，得银四两，即伪作其夫之书，寄银还家。其父母见书，以手迹不类，疑之。既而曰："书可假，银不可假，想儿无恙。"妇遂不嫁。其子后归，夫妇相保如初。

公又闻鬼语曰："我当得代，奈此秀才坏吾事。"

旁一鬼曰："尔何不祸之？"

曰："上帝以此人心好，命作阴德尚书矣，吾何得而祸之？"

应公因此益自努励，善日加修，德日加厚。遇岁饥，辄捐谷以赈之；遇亲戚有急，辄委曲维持；遇有横逆，辄反躬自责，怡然顺受。子孙登科第者，今累累也。

常熟徐凤竹栻，其父素富。偶遇年荒，先捐租以为同邑之倡，又分谷以赈贫乏，夜闻鬼唱于门曰："千不诓，万不诓，徐家秀才做到了举人郎。"相续而呼，连夜不断。是岁，凤竹果举于乡。其父因而益积德，孳孳不怠，修桥修路，斋僧接众，凡有利益，无不尽心。后又闻鬼唱于门曰："千不诓，万不诓，徐家举人直做到都堂。"凤竹官终两浙巡抚。

嘉兴屠康僖公，初为刑部主事。宿狱中，细询诸囚情状，得无辜者若干人。公不自以为功，密疏其事，以白堂官。后朝审，堂官摘其语，以讯诸囚，无不服者，释冤抑十余人。一时辇下咸颂尚书之明。

公复禀曰："辇毂之下，尚多冤民，四海之广，兆民之众，岂无枉者？宜五年差一减刑官，核实而平反之。"

尚书为奏，允其议。时公亦差减刑之列，梦一神告之曰："汝命无子，今减刑之议，深合天心，上帝赐汝三子，皆衣紫腰金。"是夕，夫人有娠，后生应埙、应坤、应埈，皆显官。

嘉兴包凭，字信之。其父为池阳太守，生七子，凭最少，赘平湖袁氏，与吾父往来甚厚，博学高才，累举不第，留心二氏之学。一日东游泖湖，偶至一村寺中，见观音像，淋漓露立，即解橐中得十金，授主僧，令修屋宇，僧告以功大银少，不能竣事。复取松布四匹，检箧中衣七件与之，内纻褶，系新置，其仆请已之。

凭曰："但得圣像无恙，吾虽裸裎何伤？"

僧垂泪曰："舍银及衣布，犹非难事。只此一点心，如何易得！"

后功完，拉老父同游，宿寺中。公梦伽蓝来谢曰："汝子孙当享世禄矣。"后子汴、孙柽芳，皆登第，作显官。

嘉善支立之父，为刑房吏，有囚无辜陷重辟，意哀之，欲求其生。囚语其妻曰："支公嘉意，愧无以报。明日延之下乡，汝以身事之，彼或肯用意，则我可生也。"其妻泣而听命。及至，妻自出劝酒，具告以夫意。支不听，卒为尽力平反之。囚出狱，夫妻登门叩谢曰："公如此厚德，晚世所稀，今无子，吾有弱女，送为箕帚妾，此则礼之可通者。"支为备礼而纳之，生立，弱冠中魁，官至翰林孔目。立生高，高生禄，皆贡为学博。禄生大纶，登第。

凡此十条，所行不同，同归于善而已。若复精而言之，则善有真有假，有端有曲，有阴有阳，有是有非，有偏有正，有半有满，有大有小，有难有易，皆当深辨。为善而不穷理，则自谓行持，岂知造孽，枉费苦心，无益也。

何谓真假？昔有儒生数辈，谒中峰和尚，问曰："佛氏论善恶报应，如影随形。今某人善，而子孙不兴；某人恶，而家门隆盛，佛说无稽矣。"

中峰云："凡情未涤，正眼未开，认善为恶，指恶为善，往往有之。不憾己之是非颠倒，而反怨天之报应有差乎？"

众曰："善恶何至相反？"

中峰令试言其状。

一人谓："骂人殴人是恶，敬人礼人是善。"

中峰云："未必然也。"

一人谓："贪财妄取是恶，廉洁有守是善。"

中峰云："未必然也。"

众人历言其状，中峰皆谓不然。因请问。

中峰告之曰："有益于人是善，有益于己是恶。有益于人，则殴人、骂人皆善也；有益于己，则敬人、礼人皆恶也。是故人之行善，利人者公，公则为真；利己者私，私则为假。又根心者真，袭迹者假；又无为而为者真，有为而为者假，皆当自考。"

何谓端曲？今人见谨愿之士，类称为善而取之；圣人则宁取狂狷。至于谨愿之士，虽一乡皆好，而必以为德之贼，是世人之善恶，分明与圣人相反。推此一端，种种取舍，无有不谬。天地鬼神之福善祸淫，皆与圣人同是非，而不与世俗同取舍。凡欲积善，决不可徇耳目，惟从心源隐微处，默默洗涤，纯是济世之心则为端，苟有一毫媚世之心即为曲；纯是爱人之心则为端，有一毫愤世之心即为曲；纯是敬人之心则为端，有一毫玩世之心即为曲，皆当细辨。

何谓阴阳？凡为善而人知之，则为阳善；为善而人不知，则为阴德。阴德，天报之；阳善，享世名。名，亦福也。名者，造物所忌。世之享盛名而实不副者，多有奇祸；人之无过咎而横被恶名者，子孙往往骤发。阴阳之际微矣哉。

何谓是非？鲁国之法：鲁人有赎人臣妾于诸侯，皆受金于府。子贡赎人而不受金。孔子闻而恶之曰："赐失之矣。夫圣人举事，可以移风易俗，而教导可施于百姓，非独适己之行也。今鲁国富者寡而贫者众，受金则为不廉，何以相赎乎？自今以后，不复赎人于诸侯矣。"

子路拯人于溺，其人谢之以牛，子路受之。孔子喜曰："自今鲁国多拯人于溺矣。"自俗眼观之，子贡之不受金为优，子路之受牛为劣，孔子则取由而黜赐焉。乃知人之为善，不论现行，而论流弊；不论一时，而论久远；不论一身，而论天下。现行虽善，而其流足以害人，则似善而实非也；现行虽不善，而其流足以济人，则非善而实是也。然此就一节论之耳。他如非义之义，非礼之礼，非信之信，非慈之慈，皆当抉择。

何谓偏正？昔吕文懿公初辞相位，归故里，海内仰之，如泰山北斗。有一乡人，醉而詈之，吕公不动，谓其仆曰："醉者勿与较也。"闭门谢之。逾年，其人犯死刑入狱。吕公始悔之曰："使当时稍与计较，送公家责治，可以小惩而大戒。吾当时只欲存心于厚，不谓养成其恶，以至于此。"此以善心而行恶事者也。

又有以恶心而行善事者。如某家大富，值岁荒，穷民白昼抢粟于市。告之县，县不理，穷民愈肆，遂私执而困辱之，众始定；不然，几乱矣。故善者为正，恶者为偏，人皆知之；其以善心而行恶事者，正中偏也；以恶心而行善事者，偏中正也，不可不知也。

何谓半满？《易》曰："善不积，不足以成名；恶不积，不足以灭身。"《书》曰："商罪贯盈。"如贮物于器，勤而积之，则满；懈而不积，则不满。此一说也。

昔有某氏女入寺，欲施而无财，止有钱二文，捐而与之，主席者亲为忏悔。及后入宫富贵，携数千金入寺舍之，主僧惟令其徒回向而已。

因问曰："吾前施钱二文，师亲为忏悔，今施数千金，而师不回向，何也？"

曰："前者物虽薄，而施心甚真，非老僧亲忏，不足报德；今物虽厚，而施心不若前日之切，令人代忏足矣。"此千金为半，而二文为满也。

钟离授丹于吕祖，点铁为金，可以济世。

吕问曰："终变否？"

曰："五百年后，当复本质。"

吕曰："如此则害五百年后人矣，吾不愿为也。"

曰："修仙要积三千功行，汝此一言，三千功行已满矣。"

此又一说也。

又为善而心不着善，则随所成就，皆得圆满。心着于善，虽终身勤励，止于半善而已。譬如以财济人，内不见己，外不见人，中不见所施之物，是谓"三轮体空"，是谓"一心清净",则斗粟可以种无涯之福,一文可以消千劫之罪。倘此心未忘,虽黄金万镒,福不满也。此又一说也。

何谓大小?昔卫仲达为馆职,被摄至冥司,主者命吏呈善恶二录。比至,则恶录盈庭,其善录一轴,仅如箸而已。索秤称之,则盈庭者反轻,而如箸者反重。

仲达曰:"某年未四十,安得过恶如是多乎?"

曰:"一念不正即是,不待犯也。"

因问:"轴中所书何事?"

曰:"朝廷尝兴大工,修三山石桥,君上疏谏之,此疏稿也。"

仲达曰:"某虽言,朝廷不从,于事无补,而能有如是之力。"

曰:"朝廷虽不从,君之一念,已在万民;向使听从,善力更大矣。"

故志在天下国家,则善虽少而大;苟在一身,虽多亦小。

何谓难易?先儒谓克己须从难克处克将去。夫子论为仁,亦曰先难。必如江西舒翁,舍二年仅得之束脩,代偿官银,而全人夫妇;与邯郸张翁,舍十年所积之钱,代完赎银,而活人妻子,皆所谓难舍处能舍也。如镇江靳翁,虽年老无子,不忍以幼女为妾,而还之邻,此难忍处能忍也。故天降之福亦厚。凡有财有势者,其立德皆易,易而不为,是为自暴。贫贱作福皆难,难而能为,斯可贵耳。

随缘济众,其类至繁,约言其纲,大约有十:第一,与人为善;第二,爱敬存心;第三,成人之美;第四,劝人为善;

第五，救人危急；第六，兴建大利；第七，舍财作福；第八，护持正法；第九，敬重尊长；第十，爱惜物命。

何谓与人为善？昔舜在雷泽，见渔者皆取深潭厚泽，而老弱则渔于急流浅滩之中，恻然哀之。往而渔焉，见争者，皆匿其过而不谈；见有让者，则揄扬而取法之。期年，皆以深潭厚泽相让矣。夫以舜之明哲，岂不能出一言教众人哉？

乃不以言教而以身转之，此良工苦心也。

吾辈处末世，勿以己之长而盖人，勿以己之善而形人，勿以己之多能而困人。收敛才智，若无若虚；见人过失，且涵容而掩覆之。一则令其可改，一则令其有所顾忌而不敢纵。见人有微长可取，小善可录，翻然舍己而从之，且为艳称而广述之。凡日用间，发一言，行一事，全不为自己起念，全是为物立则，此大人天下为公之度也。

何谓爱敬存心？君子与小人，就形迹观，常易相混，惟一点存心处，则善恶悬绝，判然如黑白之相反。故曰：君子所以异于人者，以其存心也。君子所存之心，只是爱人敬人之心。盖人有亲疏贵贱，有智愚贤不肖，万品不齐，皆吾同胞，皆吾一体，孰非当敬爱者？爱敬众人，即是爱敬圣贤；能通众人之志，即是通圣贤之志。何者？圣贤之志，本欲斯世斯人，各得其所。吾合爱合敬，而安一世之人，即是为圣贤而安之也。

何谓成人之美？玉之在石，抵掷则瓦砾，追琢则圭璋。故凡见人行一善事，或其人志可取而资可进，皆须诱掖而成就之。或为之奖借，或为之维持，或为白其诬而分其谤，务使之成立而后已。

大抵人各恶其非类，乡人之善者少，不善者多。善人在俗，亦难自立。且豪杰铮铮，不甚修形迹，多易指摘。故善事常易败，而善人常得谤。惟仁人长者，匡直而辅翼之，其功德最宏。

何谓劝人为善？生为人类，孰无良心？世路役役，最易没溺。凡与人相处，当方便提撕，开其迷惑。譬犹长夜大梦，而令之一觉；譬犹久陷烦恼，而拔之清凉，为惠最溥。韩愈云："一时劝人以口，百世劝人以书。"较之与人为善，虽有形迹，然对症发药，时有奇效，不可废也。失言失人，当反吾智。

何谓救人危急？患难颠沛，人所时有。偶一遇之，当如恫瘝之在身，速为解救。或以一言伸其屈抑，或以多方济其颠连。崔子曰："惠不在大，赴人之急可也。"盖仁人之言哉。

何谓兴建大利？小而一乡之内，大而一邑之中，凡有利益，最宜兴建。或开渠导水，或筑堤防患；或修桥梁，以便行旅；或施茶饭，以济饥渴。随缘劝导，协力兴修，勿避嫌疑，勿辞劳怨。

何谓舍财作福？释门万行，以布施为先。所谓布施者，只是舍之一字耳。达者内舍六根，外舍六尘，一切所有，无不舍者。苟非能然，先从财上布施。世人以衣食为命，故财为最重。吾从而舍之，内以破吾之悭，外以济人之急，始而勉强，终则泰然，最可以荡涤私情，祛除执吝。

何谓护持正法？法者，万世生灵之眼目也。不有正法，何以参赞天地？何以裁成万物？何以脱尘离缚？何以经世出世？故凡见圣贤庙貌，经书典籍，皆当敬重而修饬之。至于举扬正法,上报佛恩,尤当勉励。

何谓敬重尊长?家之父兄,国之君长,与凡年高、德高、位高、识高者,皆当加意奉事。在家而奉侍父母,使深爱婉容,柔声下气,习以成性,便是和气格天之本。出而事君,行一事,毋谓君不知而自恣也。刑一人,毋谓君不知而作威也。事君如天,古人格论,此等处最关阴德。试看忠孝之家,子孙未有不绵远而昌盛者,切须慎之。

何谓爱惜物命?凡人之所以为人者,惟此恻隐之心而已。求仁者求此,积德者积此。周礼,孟春之月,牺牲毋用牝。孟子谓君子远庖厨,所以全吾恻隐之心也。故前辈有四不食之戒,谓闻杀不食,见杀不食,自养者不食,专为我杀者不食。学者未能断肉,且当从此戒之。

渐渐增进,慈心愈长,不特杀生当戒,蠢动含灵,皆为物命。求丝煮茧,锄地杀虫,念衣食之由来,皆杀彼以自活。故暴殄之孽,当与杀生等。至于手所误伤,足所误践者,不知其几,皆当委曲防之。古诗云:"爱鼠常留饭,怜蛾不点灯。"何其仁也!

善行无穷,不能殚述。由此十事而推广之,则万德可备矣。

谦德之效

《易》曰:"天道亏盈而益谦,地道变盈而流谦,鬼神害盈而福谦,人道恶盈而好谦。"是故谦之一卦,六爻皆吉。

《书》曰："满招损，谦受益。"予屡同诸公应试，每见寒士将达，必有一段谦光可掬。

辛未计偕，我嘉善同袍凡十人，惟丁敬宇宾，年最少，极其谦虚。

予告费锦坡曰："此兄今年必第。"

费曰："何以见之？"

予曰："惟谦受福。兄看十人中，有恂恂款款，不敢先人，如敬宇者乎？有恭敬顺承，小心谦畏，如敬宇者乎？有受侮不答，闻谤不辩，如敬宇者乎？人能如此，即天地鬼神，犹将佑之，岂有不发者？"及开榜，丁果中式。

丁丑在京，与冯开之同处，见其虚己敛容，大变其幼年之习。李霁岩，直谅益友，时面攻其非，但见其平怀顺受，未尝有一言相报。予告之曰："福有福始，祸有祸先，此心果谦，天必相之，兄今年决第矣。"已而果然。

赵裕峰光远，山东冠县人，童年举于乡，久不第。其父为嘉善三尹，随之任。慕钱明吾，而执文见之。明吾悉抹其文，赵不惟不怒，且心服而速改焉。明年，遂登第。

壬辰岁，予入觐，晤夏建所，见其人气虚意下，谦光逼人，归而告友人曰："凡天将发斯人也，未发其福，先发其慧。此慧一发，则浮者自实，肆者自敛。建所温良若此，天启之矣。"及开榜，果中式。

江阴张畏岩，积学工文，有声艺林。甲午，南京乡试，寓一寺中，揭晓无名，大骂试官，以为眯目。时有一道者，在傍微笑，张遽移怒道者。

道者曰:"相公文必不佳。"

张益怒曰:"汝不见我文,乌知不佳?"

道者曰:"闻作文,贵心气和平,今听公骂詈,不平甚矣,文安得工?"

张不觉屈服,因就而请教焉。

道者曰:"中全要命;命不该中,文虽工,无益也。须自己做个转变。"

张曰:"既是命,如何转变?"

道者曰:"造命者天,立命者我。力行善事,广积阴德,何福不可求哉?"

张曰:"我贫士,何能为?"

道者曰:"善事阴功,皆由心造,常存此心,功德无量。且如谦虚一节,并不费钱,你如何不自反而骂试官乎?"

张由此折节自持,善日加修,德日加厚。丁酉,梦至一高房,得试录一册,中多缺行。问旁人,曰:"此今科试录。"

问:"何多缺名?"

曰:"科第阴间三年一考较,须积德无咎者方有名。如前所缺,皆系旧该中式,因新有薄行而去之者也。"

后指一行云:"汝三年来,持身颇慎,或当补此,幸自爱。"

是科果中一百五名。

由此观之,举头三尺,决有神明;趋吉避凶,断然由我。须使我存心制行,毫不得罪于天地鬼神,而虚心屈己,使天地鬼神,时时怜我,方有受福之基。彼气盈者,必非远器,纵发亦无受用。稍有识见之士,必不忍自狭其量,而自拒其福也,况谦则受教有地,而取善无穷,尤修业者所必不可少者也。

古语云:"有志于功名者,必得功名;有志于富贵者,必得富贵。"人之有志,如树之有根,立定此志,须念念谦虚,尘尘方便,自然感动天地,而造福由我。今之求登科第者,初未尝有真志,不过一时意兴耳,兴到则求,兴阑则止。

孟子曰:"王之好乐甚,齐其庶几乎?"予于科名亦然。

附录二

云谷大师传
（憨山释德清　撰）

【原文】

师讳法会，别号云谷，嘉善胥山怀氏子。生于弘治庚申，幼志出世，投邑大云寺某公为师。初习瑜伽，师每思曰："出家以生死大事为切，何以碌碌衣食计为？"年十九，即决志参方，寻登坛受具。闻天台小止观法门，专精修习。法舟济禅师，续径山之道，掩关于郡之天宁。师往参叩，呈其所修。舟曰："止观之要，不依身心气息，内外脱然。子之所修，流于下乘，岂西来的意耶？学道必以悟心为主。"师悲仰请益，舟授以念佛审实话头，直令重下疑情。师依教日夜参究，寝食俱废。一日受食，食尽亦不自知，碗忽堕地，猛然有省，恍如梦觉。复请益舟，乃蒙印可。阅《宗镜录》，大悟唯心之旨。从此一切经教，及诸祖公案，了然如睹家中故物。于是韬晦丛林，陆沉贱役。一日阅《镡津集》，见明教大师护法深心，初礼观音大士，日夜称名十万声。师愿效其行，遂顶礼观音大士像，通宵不寐，礼拜经行，终身不懈。

时江南佛法禅道，绝然无闻。师初至金陵，寓天界毘卢阁下行道，见者称异。魏国先王闻之，乃请于西园丛桂庵供养，师住此入定三日夜。居无何，予先太师祖西林翁，掌僧录，兼报恩住持，往谒师，即请住本寺之三藏殿。师危坐一龛，绝无将迎，足不越阃者三年，人无知者。偶有权贵人游至，见师端坐，以为无礼，谩辱之。师曳杖至摄山栖霞。

栖霞乃梁朝开山，武帝凿千佛岭，累朝赐供赡田地。道场荒废，殿堂为虎狼巢。师爱其幽深，遂诛茅于千佛岭下，影不出山。时有盗侵师，窃去所有，夜行至天明，尚不离庵。人获之，送至师。师食以饮食，尽与所有持去，由是闻者感化。太宰五台陆公，初仕为祠部主政，访古道场，偶游栖霞，见师气宇不凡，雅重之。信宿山中，欲重兴其寺，请师为住持。师坚辞，举嵩山善公以应命。善公尽复寺故业，斥豪民占据第宅，为方丈、建禅堂、开讲席、纳四来。江南丛林肇于此，师之力也。

道场既开，往来者众，师乃移居于山之最深处，曰"天开岩"，吊影如初。一时宰官居士，因陆公开导，多知有禅道，闻师之风，往往造谒。凡参请者，一见，师即问曰："日用事如何？"不论贵贱僧俗，入室必掷蒲团于地，令其端坐，返观自己本来面目，甚至终日竟夜无一语。临别必叮咛曰："无空过日。"再见，必问别后用心功夫，难易若何。故荒唐者，茫无以应。以慈愈切而严益重，虽无门庭设施，见者望崖不寒而栗。然师一以等心相摄，从来接人软语低声，一味平怀，未尝有辞色。士大夫归依者日益众，即不能入山，有请见者，师以化导为心，亦就见。岁一往来城中，必主于回光寺。每至，则在家二众，归之如绕华座。师一视如幻化人，曾无一念分别心。故亲近者，如婴儿之傍慈母。出城多主于普德，臞鹤悦公实禀其教。

先太师翁，每延入丈室，动经旬月。予童子时，即亲近执侍，辱师器之，训诲不倦。予年十九，有不欲出家意。师知之，问曰："汝何背初心耶？"予曰："第厌其俗耳。"师曰："汝知厌俗，何不学高僧？古之高僧，天子不以臣礼待之，父母不以子礼畜之。天龙恭敬，不以为喜。当取《传灯录》《高僧传》读之，则知之矣。"予即简书筒，得《中峰广录》一部，持白师。师曰："熟味此，即知僧之为贵也。"予由是决志剃染，实蒙师之开发，乃嘉靖甲子岁也。丙寅冬，师愍禅道绝响，乃集五十三人，结坐禅期于天界。师力拔予入众同参，指示向上一路，教以念佛审实话头，是时始知有宗门事。比南都诸刹，从禅者四五人耳。

师垂老，悲心益切。虽最小沙弥，一以慈眼视之，遇之以礼，凡动静威仪，无不耳提面命，循循善诱，见者人人以为亲己。然护法心深，不轻初学，不慢毁戒。诸山僧多不律，凡有干法纪者，师一闻之，不待求而往救，必恳当事，谓佛法付嘱王臣为外护，惟在仰体佛心，辱僧即辱佛也。闻者莫不改容，必至释然解脱而后已，然竟罔闻于人者。故听者亦未尝以多事为烦。久久，皆知出于无缘慈也。了凡袁公未第时，参师于山中，相对默坐三日夜，师示之以唯心立命之旨。公奉教事，详《省身录》。由是师道日益重。隆庆辛未，予辞师北游。师诫之曰："古人行脚，单为求明己躬下事，尔当思他日将何以见父母师友，慎毋虚费草鞋钱也。"予涕泣礼别。

壬申春，嘉禾吏部尚书默泉吴公、刑部尚书旦泉郑公、平湖太仆五台陆公与弟云台，同请师故山。诸公时时入室问道，每见必炷香请益，执弟子礼。达观可禅师，常同尚书平泉陆公、中书思庵徐公，谒师叩《华严》宗旨。师为发挥四法界圆融之妙，皆叹未曾有。

师寻常示人，特揭唯心净土法门，生平任缘，未尝树立门庭。诸山但有禅讲道场，必请坐方丈。至则举扬百丈规矩，务明先德典刑，不少假借。居恒安重寡言，出语如空谷音。定力摄持，住山清修，四十余年如一日，胁不至席。终身礼诵，未尝辍一夕。当江南禅道草昧之时，出入多口之地，始终无议之者，其操行可知已。

师居乡三载，所蒙化者以千万计。一夜，四乡之人见师庵中大火发。及明趋视，师已寂然而逝矣，万历三年乙亥正月初五日也。师生于弘治庚申，世寿七十有五，僧腊五十。弟子真印等茶毗葬于寺右。

予自离师，遍历诸方，所参知识，未见操履平实、真慈安详之若师者。每一兴想，师之音声色相，昭然心目。以感法乳之深，故至老而不能忘也。师之发迹入道因缘，盖常亲蒙开示。第末后一着，未知所归。前丁巳岁，东游，赴沈定凡居士斋。礼师塔于栖真，乃募建塔亭，置供赡田，少尽一念。见了凡先生铭未悉，乃概述见闻行履为之传，以示来者。师为中兴禅道之祖，惜机语失录，无以发扬秘妙耳。

【译文】

云谷禅师，出家的法名"法会"，又号"云谷"，祖籍浙江省嘉善县胥山镇，俗姓怀，出生于明孝宗弘治十三年（公元1500年）。幼年就看破红尘，立志出家，在本乡大云寺一个老和尚座下剃度为僧。

起初，他在寺中学习瑜伽。他自己思考："既然出了家，应该以了生死大事为重，又何必为一日三餐而碌碌无为呢？"所以，十九岁这一年，他便下决心要参透佛法。不久，他受了三坛大戒。听了天台宗《小止观法门》之后，便努力精研，学习《小止观法门》。

当时有一位法舟禅师，承袭了宋代大慧宗杲禅师的遗风，在本县的天宁寺闭关修行，他便去参拜，向法舟禅师报告自己的修行情况。法舟禅师说："止观的要诀，就是不要执着于自己的身心气息，内外都要放得下。而你所修行的方法，落于下乘，哪里是祖师西来的脉意！学佛必定要以明心见性（开悟）为主。"

云谷禅师听了，很感动，谦卑地请求指教，法舟禅师教他切实去参"念佛者是谁"，叫他当下发露"疑情"。他便依着指示，不分日夜地参究，连吃饭睡觉的时间也常常忘了。有一天正在吃饭，吃完了饭也不知自己已吃完，还按着空碗扒饭，因此手里的碗不小心摔到地上。云谷禅师突然有所醒悟，仿佛大梦初醒。他再向法舟禅师请教他的境界，便得到法舟禅师的印证了。

接着，他研读了《宗镜录》，对"三界唯心"的真理已彻底地领悟。自此以后，所有佛经与佛法真义，历代禅宗祖师的公案，都清楚得如同旧识。于是，他就以各种低贱的身份隐遁到寺庙，做一些"煮饭挑水"的劳役来修炼自己。

有一天，云谷禅师读到宋代契嵩法师（嵩师别号明教）名著《镡津集》，感受到这位大师护持佛法的深切用心。契嵩法师最初礼拜观世音菩萨，每一昼夜念十万声名号。云谷禅师也发心效法契嵩大师的行持，开始顶礼观世音菩萨圣像，整夜不睡，除了礼拜，便是绕像恭念圣号，直到圆寂，从未停止。

当时大江以南的佛法和禅宗，已经很没落了。云谷禅师初到南京，住在天界寺毗卢阁下的行人道上，看到他的人都带着惊异的眼色。魏国先王听说了这件事，就请云谷禅师到西园的丛桂庵去接受供养，云谷禅师住在这里，静坐入定三天三夜。

没多久，我的先太师祖西林老和尚，当时掌管僧录司，兼任报恩寺的住持，亲自去拜访云谷禅师，请他住到报恩寺的三藏殿。

云谷禅师整天默然端坐在一个佛龛里，从不迎来送往，足不出寺门整整三年，没有人知道报恩寺里有这个出家人。偶然有些权贵到这里游览，看到云谷禅师端坐在那里不理人，认为很高傲无礼，就对他出言不逊。云谷禅师便拄着拐杖到北郊的摄山栖霞寺去住了。

栖霞寺创建于梁朝，当时梁武帝命雕工在山崖上凿出很多佛像，命名为千佛岭。后来历代王朝都加以赏赐，并封赠农田，但是这座道场到明代已经荒废很久，大殿变成了野兽的巢穴。云谷禅师深爱这里的环境幽雅静谧，便铲除乱草，在千佛岭下，盖了一间小茅篷。住在这里，整天不出山。有一次，有窃盗侵入茅篷，把衣物偷走。因为是夜间，窃盗偷了东西逃走，但逃来逃去，直到天明，还没有逃离这间小茅篷的附近，结果便被邻人捉到了，送到云谷禅师茅篷。禅师不但没有把他送到官府治罪，还给他饭吃，又让他把盗窃的东西也拿走。听闻这件事情的人都被禅师的行为所感动。

礼部尚书五台居士陆公，刚做官时出任祠部（掌礼制的官）首长，到处去游览古老的佛教道场。偶然游览到栖霞寺，看到云谷禅师气度和面貌与众不同，特别仰慕，就在这里住了两天，想重新修复这座佛寺，并请云谷禅师担任方丈，云谷禅师坚决地辞谢了，并且推荐河南嵩山少林寺的善老和尚来负起这个使命。结果善老和尚到了南京，把这座佛寺恢复了旧日的庄严富丽，又驱走了占据房舍的劣民。他担任这里的方丈，建了禅堂，又大开弘扬佛法的讲席，收留各地来挂单的云水僧，长江以南的丛林制度从此创立。这都是云谷禅师的大力促成啊。

道场开了以后，来往的人太多。云谷禅师又移居到后山的幽深处，在一座名叫天开岩的山里修行，依然是影只形孤。许多官员和在家居士，因为陆公的参与、引导，都已知道有禅宗这回事。又听说了云谷禅师的风范，很多人想去参见他。

凡是有人来参见，刚见面，云谷禅师总是问他们："你日常做什么勾当？"不论僧侣贫贱富贵，到他禅房来，一定把蒲团掷在地上，叫他们盘膝正坐，反观自己"本来面目"，甚至于整天整夜不说一句话，临别的时候，一定叮咛着说："你不要浪费岁月啊！"等到再见到的时候，一定要问："分别后努力修道，功夫用得有没有进步啊？"一些无心修道的人，便茫茫然无法回答。他的慈悲心愈深切，督责之情就越严厉。虽然云谷禅师没有建立什么门派来收徒传道，但是见到他的人仿佛面对高峰峻崖，有不寒而栗之感。

然而，云谷禅师全都以平等心对他们予以引导教诲。他接引参访他的人，向来都是低声婉语，平心静气，从没有过严厉的责备。因而读书人和为官的人皈依他的也一天天多起来。拜他为师的士大夫越来越多，即使有一些人无法进山拜谒，只要是希望与他见面，出于教化引导的慈悲心肠，他都会主动前去见面。每年，他从山中到城里一次，一定寄单在回光寺。每次到回光寺，在家男女居士都涌过来，如围绕着莲花宝座一样，而云谷禅师看到这种受人拥戴的景况，好像看作梦中的花、雾中的月，不起一点分别心，因此，亲近他的人好像婴儿依傍慈母一般。云谷禅师每次出城，大多寄居在普德寺。寺里的老和尚臞鹤悦公，实在受到他的益处不少。

我的太师祖每次请他到方丈室里来求教，常常是十天半个月的。我还是小孩时，就在他们身边亲近侍奉了，承蒙云谷禅师器重我，不厌其劳地训诲开示我。我十九岁那一年，忽然不想出家，被云谷禅师知道了，就问我："你为什么要违背最初立志出家的心愿呢？"我就说："只是我厌烦一般出家人太过庸俗了！"云谷禅师说："你既知道厌烦世俗，又为什么不学一学古代高僧呢？古代的高僧，皇帝不以臣子的地位看待他，父母不以子女的地位教养他。天龙八部对他无限地恭敬，他都不认为可喜，你应该找出《传灯录》《高僧传》这些书读读看就明白了！"我马上就检查书箱，查出一部《中峰广录》的书，捧着去见云谷禅师。云谷禅师说："你熟读这部书，就知道出家人的高贵之处了！"于是我就决定落发为僧，实在是受到云谷禅师的启示，这是嘉靖甲子年（公元1564年，明世宗嘉靖四十三年）的事。

过了两年，到嘉靖四十五年冬天，云谷禅师悲悯禅宗将面临灭绝的地步，就约集了五十三位同道，在天界寺结期坐禅，他全力鼓励我参加共修，指示我参"向上一着"，并且先教我念佛数声，再反观这"念佛的人是谁？"到此时我才知道有禅宗这回事。而此时南京各佛教寺院参禅的人不过四五个罢了！

云谷禅师渐渐老了，慈悲心愈为深切，即便是七八岁的小沙弥，也一律以慈悲的眼色看待他们，以恭敬心对待他们。凡是平时行住坐卧，没有一样不当面恳切地教导，耐心而有条理地指示他们。凡见到这种景象的人，都会认为云谷禅师对自己特别亲切。

云谷禅师护法心深切，不轻视初发心学佛的人，也不蔑视那些破戒的比丘。当时有些出家人不能遵守戒律，凡是违犯了国家禁令的人，云谷禅师一旦知道了，不等别人求救，他就自动去救助了，而且恳求主管官吏，说佛法完全付托政府官吏为"外部护法"，只希望他们能体悟佛陀的心意，对出家人的毁辱，便是对佛陀的毁辱了。听到这席话的官吏们没有不马上改变态度的，直到把那些犯戒的人释放为止。可是，这些事，外界竟然大多不知道，因此听到这些话的人也不曾因为云谷禅师的多事而感觉厌烦。时间久了，大家都知道他是出于"非亲非故、与自己并无关系的大慈悲心"啊！

袁了凡先生未及第时，曾经到山中参访云谷禅师，他们相对着默然无言地静坐三天三夜。云谷禅师把"一切唯心造"的生命奥义指示给袁了凡，袁恭谨地接受指示，这件事详细情形记录在袁的著作《省身录》上，由于这个缘故，云谷禅师的高风，一天天更加受人重视。

明穆宗隆庆辛未年（公元1571年），我辞别云谷禅师到北方去参访，临走时，师告诫我说："古人到天下各地行脚参访善知识，只是单纯地为了寻求参悟本来面目，你要想想，日后拿什么回来见你的父母师友呢？一定要谨慎，不要空空浪费你的草鞋钱啊！"

听到这话，我流着眼泪拜别禅师。到下一年（公元1572年）春天，出身嘉兴县的吏部尚书吴默泉、刑部尚书郑旦泉和出身浙江平湖当时做太仆的陆五台，和他的弟弟云台，一同请云谷禅师回故乡去弘法。他们诸位时时到禅师的大室请示佛法，每次求见都一定先行燃香，再求指示，行做弟子的大礼。

当时有一位达观可禅师，常常与尚书陆平泉、中书徐思庵一起去参见云谷禅师，请示《华严经》的要义，禅师便为他们发挥"四法界"（即事法界、理法界、理事无碍法界、事事无碍法界）的圆融妙义，大家都赞叹得无以复加。

云谷禅师平常教导别人特别标举出"唯心净土"法门，但是他一生处处随缘，并没有标榜过自己的门派，而各大丛林寺院，只要有开示禅宗的道场一定请他坐在首座，到了之后，他就提出"百丈清规"，务必要人学习古人的典型，绝不可有一点随便。

云谷禅师平日动静语默，安详稳重如山，沉默少言，一旦说话，便如空谷足音，醒人眼目。云谷禅师在山中清修，四十多年如一日，夜不倒单，终身拜佛诵经，没有一日间断。当大江以南禅宗初兴的时候，在人事庞杂、议论纷歧的南京驻锡，在品德道行上，始终无可令人非议之处，他的德行高超由此可知了。

云谷禅师回到故乡住了三年，受到他化育的人成千成万。有一天夜间四处乡邻看到他的庵中起了大火，等到天亮，再跑去看个究竟，云谷禅师已经安然圆寂了。这是明神宗万历三年正月初五日的事。云谷禅师生于公元 1500 年，圆寂于公元 1575 年，世寿七十五岁，僧腊五十年。他的弟子真印师等为他火化，葬在大云寺的右侧。

我自从离开他之后，走遍大江南北，遍参了所有的善知识，但还没有见过品德和道行的落实、慈悲安详像云谷禅师这样的高僧。每一回想起来，他的音容面貌，便在心头清楚地显现出来。因为感念他教导我的深恩大德，所以一直到老也不能忘记他。

他的出家学道因缘，我常常亲身听他说述。但"最后一着"（即禅、示之见性），还不够了解。前丁巳年（公元1617年）到浙东来，应沈定凡居士的供养，顺便到栖真庵（寺）瞻拜云谷禅师的灵骨塔，才发心集款为他建造灵骨塔的纪念亭，又买了些农田以备永久供养，稍稍地尽一点感恩之心。见到袁了凡先生为他写的碑铭不够详细，所以以我所知的为他写这篇传，以便作为后来人的榜样。

云谷禅师是中兴禅宗的大德，可惜的是他所讲的"机锋开示"都没有留下来，所以就无法发扬他那微妙的禅门心法了！

附录三

袁了凡居士传
（彭绍升 撰）

【原文】

袁了凡先生，名黄，字坤仪，江南吴江人。了凡之先，赘嘉善殳氏，遂补嘉善县学生。隆庆四年，举于乡。万历十四年，成进士，授宝坻知县。后七年擢兵部职方司主事。会朝鲜被倭难，来乞师，经略宋应昌奏了凡军前赞画兼督朝鲜兵。提督李如松以封贡绐倭，倭信之，不设备，如松遂袭，破倭于平壤。了凡面折如松，不应行诡道，亏损国体，而如松麾下又杀平民为首功，了凡争之强。如松怒，独引兵而东。倭袭了凡，了凡击却之，而如松军果败。思脱罪，更以十罪劾了凡。而了凡旋以拾遗被议，罢职归。居常善行益切，年七十四终。熹宗朝，追叙征倭功，赠尚宝司少卿。了凡自为诸生，好学问，通古今之务，象纬律算、兵政河渠之说，靡不晓练。其在宝坻，孜孜求利民。县数被潦，了凡乃浚三汊河，筑堤以御之。又令民沿海岸植柳，海水挟沙上，遇柳而淤，久之成堤。治沟塍，课耕种，旷土日辟。省诸徭役以便民。家不富而好施。居常诵持经咒，习禅观，日有课程。公私遽冗，未尝暂辍。著《戒子文》四篇行于世。夫人贤，常助之施，亦自记功行。不能书，以鹅翎茎渍朱逐日标历本。

或见了凡立功少,辄颦蹙。尝为子制冬袄,将买花絮。了凡曰:"丝绵轻暖,家中自有,何必买絮!"夫人曰:"丝贵花贱,我欲以贵易贱,多制絮衣,以衣冻者耳。"了凡喜曰:"若如是,不患此子无禄矣!"子俨后亦成进士,终高要知县。

【译文】

袁了凡先生,名黄,字坤仪,江南吴江人。了凡先生的先祖入赘到嘉善县的殳氏,于是他就在嘉善县求学。隆庆四年,在乡里中了举人。万历十四年,中了进士,在宝坻当知县。又过了七年时间,晋升职位,任兵部职方司主事。刚好遇到日寇入侵朝鲜,朝鲜来朝廷请求派兵支援,当时的经略宋应昌上奏请袁了凡担任军队参谋,并且督导朝鲜军队。

提督李如松以赏官加爵来诱骗日寇,日寇相信了他,没有防备,李如松袭击他们,在平壤大败日寇部队。袁了凡因此指责李如松,不应该使用诈术,这样有损国家的体面。李如松的手下又随意杀害百姓,并以人头数量来记功劳,袁了凡和李如松之间产生了激烈的争执。李如松一气之下,自己带着军队向东边进发。日军乘机袭击袁了凡,却被袁了凡击退。而李如松的部队最后打了败仗。李如松为推脱自己的罪责,反而以十项罪名弹劾了袁了凡。

不久,袁了凡就因为弹劾而被免去了官职,回到了自己家乡。十多年后去世,去世那年七十四岁。到了明熹宗时,他的冤屈得以平反，朝廷追叙他征战日寇的功劳，赠封他"尚宝司少卿"的官衔。

袁了凡自从学生时代开始，就非常热爱研究学问，通晓古今的各种知识。星象、法律、理数、兵备、政治、河渠等各个方面没有不精通的。他在宝坻县当知县的时候，时时想着为人民谋福祉。县里发生洪涝灾害，他组织疏通三汊河，修筑堤坝以阻挡洪水；又让百姓沿着海岸种植柳树，海水挟带泥沙冲刷海岸，遇到柳树就堆积成了堤坝；鼓励百姓治理沟渠、耕种，开垦荒废的土地，不让百姓受劳役之累。

袁了凡虽不太富裕，但始终乐善好施。在家常诵经念佛，打坐参禅，修戒定慧。无论多忙，也一天没有停下来过。写下了流传于世的《戒子文》（就是今天我们熟悉的《了凡四训》）。

袁了凡的夫人贤惠，也经常行善积福，在功过格上写下功过得失。夫人不识字，就用鹅毛管蘸红墨水在历书上做记号。有时见袁了凡忙，做的善事少了，也会皱眉头，希望先生能够多做些善事。夫人曾经为儿子做棉袄，打算去买棉絮。袁了凡问她："家里有丝绵，并且比棉絮还要好，何必买它呢？"夫人说："丝贵棉便宜，我想用丝绵换回更多的棉絮来做更多的衣服，给那些受冻的人。"袁了凡高兴地说："这样的话，那么我们的儿子就不愁没有福报了啊！"他们的儿子袁俨后来中了进士，最后在广东省高要县的知县任上去世。

了凡四训详解

[明]袁了凡 著　费勇 编著

产品经理_马伯贤　　装帧设计_星野　　产品总监_应凡
技术编辑_白咏明　　责任印制_刘淼　　出品人_贺彦军

营销团队_毛婷 魏洋 礼佳怡 张莉莉

果麦
www.guomai.cn

以 微 小 的 力 量 推 动 文 明

图书在版编目（CIP）数据

了凡四训详解 / (明) 袁了凡著；费勇编著.
昆明：云南人民出版社, 2024. 8.（2025.3重印） -- ISBN 978-7-222-22879-5

Ⅰ．B823.1
中国国家版本馆CIP数据核字第2024UM9533号

责任编辑：李　睿
责任校对：刘　娟
责任印制：李寒东

了凡四训详解
LIAOFANSIXUN XIANGJIE
(明)袁了凡　著　　费勇　编著

出版	云南人民出版社
发行	云南人民出版社
社址	昆明市环城西路609号
邮编	650034
网址	www.ynpph.com.cn
E-mail	ynrms@sina.com
开本	880mm×1230mm　1/32
印张	7
印数	95,001-105,000
字数	140千
版次	2024年8月第1版　2025年3月第7次印刷
印刷	北京盛通印刷股份有限公司
书号	ISBN 978-7-222-22879-5
定价	49.80元

版权所有　侵权必究
如发现印装质量问题，影响阅读，请联系021-64386496调换。